崩壊する日本農業

一農業者の告発

まえがき

日本の男子の農業人口は、平成十一年の時点で一、二五三、〇〇〇人。うち六十歳以上が八五三、〇〇〇人で、六六％を占める。それに対して三十歳未満の人間は二七、六〇〇人でわずかに二・二％。農家一一七戸に一人の割合である。稲作だけで全耕作面積が四八五万ヘクタールだから、日本農業の後継者というべき三十歳未満の人たちは、このままだと一人で一七六ヘクタールを耕さねばならないことになる。これは誰がみたって、尋常な数字ではない。だが、まさに現実なのだ。

どうしてこんなことになってしまったのか。それは一言でいって、明治以来の近代日本の農政の無策に起因するといってよいだろう。そしてそのツケはすべて農業者に廻されてきたといっても過言でない。

そうした状況を真に憂えて改革に取り組もうとしない政府や役人をあてにせず、自分たちの力でなんとかしようと奮闘してきた人たちがこれまでもいたし、今もいる。そして私も今から二十年前、自分の小さな能力、小さな智恵のすべてをかけて、新しい時代の農業に取り組んでみようと思い立った一人であった。それは私にとっても、わが郷土津軽にとっても、革命的なことと思われた。

専業農家の生き残る道は、経営面積を広げ集約的な農業をめざすほかないと思い、平成四年に大規模農業の経営に着手した。大規模といっても一区画三・二ヘクタール造成のささやかなものだが、農業革新の思いに溢れていた。

政府にも経営規模の拡大という考えは、比較的古くからあったようで、平成六年に発表された「新農政プラン」では大規模経営の奨励を前面に打ち出し、経営資金を充分に貸し出すことを謳っていた。資金面でのやりくりが最大の問題であった私は、この政策に飛びついた。

だが、これがまさに机上のプランを絵に描いたような政策であった。申請書の提出に膨大な時間と労力をとられ、それが受け付けられてからも実際に資金が借りられるようになるまでに、またもや延々と時間を要することとなったのである。結果、資金繰りに行き詰まった私は、破産に追い込まれた。

元来農家には、戦前の大地主でもないかぎり、土地以外の用意はないものである。それがいわば企業の行うような経営に乗り出そうというのだから、必要資金は借り入れでまかなうしかない。だが銀行は農家には貸さないのが、これまでの歴史である。そのあたりの計算が甘かったといわれればそれまでだが、農政にたずさわる官僚が、いかに農家の実情に理解がなく、日本の農業をなんとかしようという意志を欠くことをも思い知らされた。そして、このままでは日本の農業は確実に崩壊する、そう思った私は、私の悪戦苦闘の記録を公開し、少しでも多くの人に日本農業の直面する現実を訴えたいと思った。

日本の農業の問題を真剣に論じる人は、農業評論家として名の高い土門剛氏はじめ何人かいる。しかし私のように実体験のなかから日本農業の危機を訴える人間は、あまりいないように思う。この私の、ささやかだが、絶望的な思いに満ちた体験が、日本農業の崩壊をいささかなりともくい止める土嚢となれば、というのが本書を記した動機である。

平成十八年三月

著　者

目次

第Ⅰ部　生い立ちと流転

本書の主題に入る前に、私の生い立ちから大規模圃場経営に手を染めるまでの経過を手短に記しておきたい。本書で語りたいのは、言うまでもなく私のささやかな農業革新への奮闘、そしてその挫折が崩壊に瀕した日本農業の実情の現れであることなのだが、私の事業展開の軌跡をご理解いただくうえで、この前史を知っていただくことが有効だろう。退屈な部分もあろうが、お読みいただければと思う。

少年時代——四つん這い農業の明け暮れ

青森県南津軽郡田舎館村大字田舎棺字東田一八六番地。日本広しといえどもこれ以上の田舎はあまりなかろうというこの地に、昭和六年、私は生をうけた。

昭和十四年、私が八歳のとき腎臓病を病む父が亡くなった。満四十歳だった。それより少し前、母は私と妹を置いて家を出、実家に帰っていた。古い家のしがらみゆえであったのだろう。

父は当時、村でもっとも先進的な農業経営をしていた。近隣のだれもが持たなかった動力籾摺機やピアノ線縦型粒選別機を使い、村の羨望の的だった。そして磨きをかけた米俵に増量米を詰め、サービス品入りの寿司米として東京方面に発送した。今の産地特産米と同じである。

（後に、私が青年団の一員として東京にでかけた折り、宿泊費用にと持参した米を寿司屋に持ち込んだところ、黒石米として珍重されたことがあったが、これは父がすでにやっていたことだったのだ）

父の死後、田畑の仕事は祖父と私のものとなった。だが、年寄りと子どもの仕事には限界がある。祖父母が辛苦を重ねて三町（三ヘクタール）までに拡大した農地の大半を人手に貸し、馬も手放して全て人力での作業だった。（それも畦一本で不在地主の故で大半が取り上げられた）

春先には吹雪を衝いて橇を曳き、堆肥を運ぶ。朝四時、朝靄が立ちこめる田面には氷が張っている。三本鍬で土を起こし、一鍬ごとに盛り上げるのだが、これを一番打ちといい、二番打ちはこれを広げる。その作業が終わると、天気のいい日を選んで鉄塊を木棒につけたもので畝を打ち砕く。これを田砕きといった。

次が三番打ちといい、もう一度三本鍬で畝を起こし、そして肥料を播く。戦中・戦後のことして、ろくな肥料はなく、魚糟や油糟があればいいほうだった。わが家では専ら人糞尿と、流しからの下水を肥溜めに溜め、そこから汲んで肥桶に移し、これを二つリヤカーに積んで田んぼへ運ぶ。田んぼではこれを手桶に移し手杓で撒くが、均平に所定の量を撒くことはなかなか難しい。

この頃には苗代に種を蒔き、水に漬けた種籾を、積みあげた藁屑のなかで保温する。温度不足と思われるときは、この藁山に人間が寝て保温し、芽だしを促進するのである。これが田砕き後のすぐの作業である。

これが終わると用水が追いかけてくる。夜を徹して水守りをし、鼠穴や畦の決壊の見回りなど寸暇を惜しめない日々である。さらにそのすぐ後には水を張った田んぼの荒掻き、それにつづいての代掻き。これも馬でやるのと人力とでは雲泥の差で、圃場はわずか五アール程度だが、人間が鍬でかき回す作業は果てしなくつづくことになる。

やがて田植えがはじまる。バラ蒔きした苗代に水をいっぱいに張り、朝暗いうちから冷たい水のなかでの苗取り。手足の感覚が麻痺してくると、焚火で温めてまた入るという繰り返しだ。次が背中に背負っての苗運び。隣近所が共同でやって約一週間の仕事だが、年寄りと子供だけのわが家に順番が回ってくるのは最後だった。

田植えが終わって次が二番植え補植。これが終わったかと思うと、今度は田の草取り。これも一番草、二番草、三番草まで、すべて手でやるのだ。指先に鉄の管を付けての作業は、いま思い出しても肩や腰に痛みがはしる。とくに三番草のころは、泥をかぶった目に、伸びた稲の葉先が入ってくる。この時代の百姓の思いには、筆舌につくしがたいものがある。

次に待っているのは八キロも離れた叔母の嫁ぎ先でのリンゴ園作業だ。朝暗いうちに馬の飼い葉用の草を刈ると、七時頃に朝食を済ませ、歩いて三十分ほどの山のリンゴ畑へ行く。これが斜度十五度もあるようなひどい急傾斜地なのだ。終戦直後の思うように薬剤が手に入らない時代、リンゴの樹は変色するほどに毛虫・青虫だらけだった。大きな布を四人で持ち、布切れを巻いた長い棒で枝を叩き、受けている布に虫を落として集めるのである。それでも残った虫は作業中の身体にもついた。

近くの村から夏祭りの太鼓が聞こえる頃には、摘果・袋掛けも一段落し、暑い夏がやってくる。家に帰れば藁筵織りが待っている。上半身裸の身体に汗と藁から出る挨がまとわりつくなかでの仕事は、半端なことではなかった。

これが一息つけるようになると夏も終わりだ。もはや秋の仕事、稲の刈り取りが待っている。束ねるための藁を腰に下げ、一株々々鎌で刈り取る。二十株ほどを扇状に置いて一束に束ね、これを交差させて十束ひとつに薄く平たくし、風通しがいいように藁でつくったシナゲというもので束ねる。それを一つ一つ穂を下に折り曲げて立てるが、これを島立てという。刈ったものはその日のうち処理してしまわねばならないから、暗くなるまでかかり、腰の痛い辛い作業だった。

この稲が乾燥すると、それをまた一束つづにバラして直経二メートルぐらいの稲乳穂にする。これが終わると今度は田んぼから家までの稲運びだ。リヤカーだと一反歩（十アール）分で四回以上も運ばなければならない。家の庭にはこれをひとまとめにした小山のような稲乳穂がつくられていくのである。暗くなってほとんど見えないなかでの作業が終わると、夕食の後は寝るだけだ。

この仕事が終わったかと思う間もなく稲こき。足で踏み押して回す脱穀機の作業で、祖父はまだセンコキなるものをつかっていた。これは幅の広い大きな鉄製の櫛のようなもので、その櫛し目に穂先を挟んで手前に引き脱粒するのである。

足踏み脱穀機を朝暗いうちから夜半まで踏みつづける。一日も早く終えないと早場米にならないから、どこそこの家ではもう始まったとか終わったとか、なじられながらの仕事になる。

コキおろした籾は手回しの鉄製三枚羽の風車によって風選し俵に詰める（後に俵がカマスに変わって少しは仕事が楽になった）。これを籾すり専門の精米所に持ち込むと、精米計量し、新しいカマスに入れられて包装され、さらに食糧事務所が指定した場所に持ち込んで検査を受ける。

この頃になると雪が降り始め、ようやくその年の農作業も終わりを告げる。茅葺きを郷愁し地方文化の粋とする現代にあっては考えられない、寒く、不安な夜の連続なのである。

東亜連盟への接近

昭和十九年に小学校を卒業すると、中学校へはいけず、小学校の高等科に進んだ（高等科はまもなく廃止されたが二学年だった）。高等科で私は一人の先生に出会う。この人との出会いが、その後の私の人生の方向を決めたといえるかもしれない。

この原子昭三という若い代用教員は、それまで知っていた、どの先生ともちがう、型破りな人で、その授業も常軌を逸するものだった。

すべて自分の主観にもとづくままの、感情をむきだしにした、直情的な授業で、生徒である私たちにとっては、何とも言えない自由な空気を与えられた思いがした。

まだ日本の敗戦が決まる前なのに、この先生は教科書に記された日本歴史はまちがっている、明治維新については異論があると言い、この戦争は近く負けるというのだ。当時とすれば、言うまでもなく危険思想で、私たちには理解不能なものだったが、なにか愉快でもあった。先生はまもなくその思想・行動ゆえに危険視されて学校を追われるのだが、その思想こそは満州事変の立て役者、石原莞爾の指導する東亜連盟同志会そのものだったのである。

東亜連盟同志会は敗戦後マッカーサーによって超国家主義団体として解散させられた。しかし、あるときは公然と打倒東条内閣を掲げ、世が鬼畜米英を喧伝しているときでも米英も文明国だといい、敗戦を予告して上手な負け方を国民に説くなどもするような、ウルトラナショナリズムに一括するわけにはいかない団体だった。それゆえ戦時下の厳しい思想統制下にあって、反骨の青年らにとって唯一の拠りどころであり、酵素肥料の普及運動もしていたので篤農家の会員も多かった。またこの団体は地方重点であり、ムラの班活動を組織運動の原点としてもいた。津軽地方は石原の郷里の山形県庄内地方に次いで多くの会員を擁しており、「庶民の質的向上の基本」を説いていた。

原子先生の影響を受けた数人が、私の家の屋根裏部屋を集会所にして東亜連盟思想の研究会をはじめるが、思いたつたらとまらない性格である。暇を作っては村々の知り合いを訪ねて組織運動をやった。さらに組織拡大の足掛かりとすべく、青年団運動にも加わり、寸暇を惜しんで歩き回った。

都市解体、農工一体、簡素生活といった言葉には、当時の私にとって異様なまでに快い響きがあった。そして、物・金が全てという世の中を何とかしたいという気持ちが私のなかに強く根を張った。その一方で、なぜ農村の者だけが自分の小遣いもままならず、いつも追い立てられるように、切羽詰まった生活をしなければならないのか、という思いがいつも脳裏を去らなかった。（この頃から、世の人からは一種無謀といわれる志向が私の中に根を下ろしたのだろう）

東亜連盟は戦後、国民党を組織し新日本の建設をスローガンに全国運動を開始した。かつて活躍したメンバーはパージで表に出られないため、これに該当しない人びとによる組織となったのである。東京に事務所もあり、全国大会も定期的に開かれ、新しい村づくり運動を中心に地道な運動を展開した。弘前ではかつての幹部たちが論陣の主体で、それなりの結束を保っていた。（会費納入者、約三千人ともいわれた）

昭和二十六年八月、山形県の西山へいってくれと言われた（このとき私は東京で国民党本部の雑用をしていた。事務所は転々として小野元士宅だったようである）。パージになっていた先輩たちが追放を解かれて運動に参加できるようになったので、組織を拡大強化し新発足しようとのことで、その大会を西山の石原の墓前でやることになり、その準備のためである。石原が選んだ農場を直接目にできるという期待感もあって、勇躍出かけた。もし可能ならば自分もその地に入植したいという気持ちすらあった。津軽の農家で鍬を振っているよりも、遥かに生き甲斐を感じる生活が送れるのではないかと、いささか思い詰めた気持ちもあったのだ。

海岸近くを流れる川にかかる橋を渡り、爽やかな海風が流れる松林の道を行くと農場らしき場所があった。だれにどう尋ねていいものかと思いながらたたずんでいると、そこに出てきたのが武田邦太郎氏だった。武田氏は数人の同志と石原の墓守りをしながら開墾をしているというが、彼との出会いもその後の私にとって大きなものであった。

私は解党と結党の準備のために赴いたので農場の仕事はしなかったが、山形の夏は暑い。酷暑の盛り、この砂地の農場は素足では歩けない。そして山形特有の柄の短い平鍬を使っての仕事である。どんな思いでやっているのだろうと思わずにはいられなかった。植えられていたのはサツマイモのようだった。麦もあったろう。しかし想像もつかない過酷な新天地という印象だけが強かった。先輩たちからはこの様相は全く聞かされたことがなかっただけに、受けた衝撃が強かった。いつになったら、どんな方法で、どんなやり方をすれば、理想の形態が実現するのだろうか。自分の百姓姿を重ね合わせて考えずにはいられなかった。

八月十五日の大会の日が近くなるにつれて、パージから開放された旧東連の人たちが三々五々集まってきて打合せを行った。当面の運動資金が話題の中心だったようだが、この地から日本の新しい出発がはじまり、都市解体、農工一体、質素生活への革新がはじまる、と私に思えたかどうかは記憶にない。ただ無性に腹が空いてどうしようもなかったことだけは鮮明に覚えている。

墓前で結党宣言がなされ、大いに意気上がるなかで大会を終了。終わって私は墓前祭壇の解体と後始末。特に指示をする人もなく、地元の二人ほどと一緒に砂丘を越えて、借りてきたものを返すため往復した。途中の畑にあった西瓜を膝で割り、何も食ってない腹の中へ押し込むように二つも食べた。

この後、党の資金源がどうなったかはよく分からない。私は杉並の本部事務所で郵便物の整理や全国連絡紙のガリ版きりをつづけた。

青年団活動に精を出しても、いつもどこかで満たされない思いが消えず、文化運動としての新劇の舞台も気が晴れるものではなかった。そこには全体がよくならなければ、維新がなければ、地方も国も改革されずどうにもならないという思い詰めた気持ちが成長していくのを押さえ切れなかった。戦争放棄、絶対平和という大眼目にどんな方法で近づくことができるのか、自分には今何ができるのか、そんなことばかり考えていた。

昭和二十九年末、自分でも何かはじめられるのではないかという、今にして思えばいかにも浅はかな動機で家を出た。この頃、全く身寄りのない、産みの親の顔も知らないという女性と妙に気が合い、結婚することにしたのだが、何の支度もなく、彼女の使っていた蒲団一組だけを持って、家を出たのである。それが今の家内である。

実験農場からリンゴ園へ

家を出て見つけた職場が、青森県農業総合研究所三本木実験農場（旧陸軍軍馬補充部農場）であった。主として育雛と乳牛、羊、山羊、鶏の世話で、臨時職員としての給料が四千円だった。この頃の米の値段は、昭和二十九年の政府買入価格が六十キロ四千三円（翌三十年には六十一円上がって四千六十四円となった）、公務員の初任給が八千七百五十円である。四千円は世間相場に比べていかにも安かったが、その安いところに身を置くことになったのである。

この農場は向う側にいる人がよく見えないほど広大で、三十馬力のトラクターによるプラウ、ハロウ、播種、カルチ除草、刈り取り作業など、狭い田んぼの村から出てきた者とっては全くの別世界を見るに等しいものだった。場長は、私が自分の弟の知り合いということもあって、ことのほか目を掛けてくれた。それと、私が初めて育雛をやったら、たまたま成雛率が六〇％にもなり、それまで専門に何年もやってきた人でも四〇％だったから、私の仕事が評価されたこともあったようだ。仕事の傍ら『三本木連絡版』なるガリ版刷りの機関紙を編集・印刷したりもして、それなりに充実した日々だった。

場長は県の正職員になるようにしきりに勧めてくれ、はたしてなれるだろうかと迷っているうちに一年が経った。ところが、そうこうするうちに、場長に転勤の内示が降りてしまったのだ。場長は、新任の場長が私のことをクビにするのを見るのは忍びない、自分のいるうちに辞めさせて退職金を出してやるといい、三か月分の金が払われるようにしてくれた。さらに、どこへいってもいいようにと推薦状を書いてくれたので、私はそれを手に八戸で水産業を手掛ける岩手の山林王に面接、姉が頼んでくれたこともあってか採用された。昭和三十二年四月のことだった。

その仕事が岩手県九戸郡軽米町の坂本農場の農場長というものだった。この農場には山一つのリンゴ畑が七ヘクタールもあったが、リンゴ畑は雑多に品種が混じり、長年放置しておいたせいで、樹々の間はヨモギ、カヤなど数え切れない雑草に被われていた。何から手をつけたらいいものやら、ただ茫然と眺めるほかなかった。二年で十アールから百箱採れるようになればいいだろうとは言われたものの返す言葉もなかった。

気を取り直して何とかものにしなければと考え、思いついたのが青森県リンゴ協会のことだった。この協会は戦後直ちに発足した官主導でない農家主体の団体であり、発足当時から村づくり運動の先駆者の寄り集まりであり、メンバーのほとんどがかつての東亜連盟同志会の会員だった。

津軽地方では戦後、多くの旧東連会員がりんご協会の組織拡大に走り回った。彼らは県りんご協会を作りながら、それを飯のタネにしよう等とは毛頭考えなかった。役員は常勤であっても無報酬、出張旅費と若干の手当だけという原則を守った。とくに専務の渋川伝次郎氏はそのことを強く主張した。報酬が出ればかならず成りたがり屋が現れ、ポスト争いが起こる。そのようなことをしてはいけない団体なのだというのであり、加盟できるのは生産者に限られた。（以上、斎藤康司著『りんごを拓いた人々』参照）

私はこの岩手の放置園七ヘクタールの再建策をりんご協会の石岡国雄氏に立ててもらった。便箋約十枚に書かれていたのは、草生栽培にする、古い樹は早く更新する、防除にはビニールパイプを埋設し省力化を計る、などが主な内容だった。私はこの再建策をもとにりんご園の再建作業に必死で取り組んだ。剪定、摘果、袋掛けなどの作業のメンバーは津軽から呼び寄せた。

何とかリンゴ畑らしくなったのは二年目からで、それでも雑草には手をやいた。いくら取っても、後から後から追いかけるように生えてくるのだ。とにかく雑草のなかを畝状に耕し、ラジノクローバーの種をリンゴ協会から取り寄せて蒔いた。おどろくことに、これが芽を吹き出すと、あれほど手をやかせた雑草も退化したのである。クローバーの繁殖力には驚かされる。

二年目ではまだ、商品になるほどのリンゴは少なかったが、仙台あたりまでの出荷が可能だった。四トントラックで仙台まで運ぶが、まだ舗装されていない道路がほとんどで、途中トラックが動けなくなると三百箱のリンゴを全部降ろして積み直す。それも一度ならず二度、三度に及ぶとさすがにくたびれた。仙台までの道のりが、果てしなく遠いものに思われた。

残ったリンゴはトラックに積んで近くの村へ運び、街頭売りをした。久慈方面までも出掛けて夜になるまでリンゴを売ったこともあるが、見も知らないところでの街頭販売は何とも心細いものだった。当時は何処の家でも現金はあまりないので、ほとんどが物々交換だった。交換するものの値段がよく判らないので、三十キロほどのヒエ一袋とリンゴ一箱とを交換。海岸の村ではウニの塩漬けと交換したが、小さな樽に入ってドングリの葉ッパで覆われたウニを、初めてみる私は何だろうかといぶかしんだ。（この地方ではこのウニの塩漬けを塩カゼという）

雪が降りはじめるとリンゴ仕事も一段落し、弘前でリンゴ学校がはじまる。私はこのリンゴ学校の第一回卒業生だった。園芸大学教授クラスの講師陣が栽培技術から経営方法まで教えてくれる。なかでも渋川さんの剪定技術の講義は圧巻だった。教室でも野外実習でもじつにみごとで、これから七ヘクタールもの剪定作業をしなければならない者にとって、何よりの勉強になった。

岩手に帰ってリンゴ学校の講義を反芻しながらの作業は、樹の一本々々に味わい深さが感じられ、植物生理の自然順応性に人間がどれだけ手助けできるかについて、無限の可能性が秘められているのでは、という気がした。そこには剪定技術の深さがあり、人それぞれに個性が出たり譲れない自己主張が出たりするのだろう、などと考えながら過ごす園生活には、これでいいのかと思うくらいの充実感と自由があった。

本当はこの地で私の終生にすべきであったろうと、今更のように思う。

リンゴ園との決別と暗転

三年目の夏、無袋の色つき祝を渋川さんにお土産として差し出すと、大きな声で「こんな祝の作り方もあるんだ」と皆に紹介してくれた。

昭和三十年、この頃になると岩手でも全県的にリンゴの市場性に目覚め、品質の統一性を確立するため選果員の資格認定制度をはじめた。前沢町で行われた認定試験には私の住む町からも十二、三人が受験したが、合格したのは私を含めて二人だった。

良質のものが採れるようになると、品質、規格のみならず、入れ物も木箱からダンボールなどと、消費者ゆえとも、農協ゆえとも分からず規制がはじまる。そのたびに生産者は右往左往する。選別が追いつかないから新しい機械を購入しなければならなくなる。だが、どんなに新しい機械を入れても、生産の基本はすべて手作業である。花が咲いて実がついて一個のリンゴになるまで何回手を掛けるのか。まさに一個々々が商品なのである。結局のところ本当の意味での合理化はできないのだろう。

岩手の事情の変化に伴い、わがリンゴ農場も設備投資をしなければならなくなり、この地域では最初のスピードスプレーヤーなる防除機を導入し、小型の回転式選果機を導入した。それでも夜遅くまで選果・箱詰めをして東京へ貨車で出荷する。おおよそ四千箱だったが、青森のものに比べて格段の価格差があり、とても採算に合うものではなかった。

屑ものも併せて六千箱。どうにか十アール百箱に近くなってきたが、品種の更新はなかなか生産量に追いつかない。二度、三度と上京し豊島青果と懇談した。市場の状況も少しは分かるようになり、青森県や他の産地との比較論議もしてみた。結局、指導者と生産者との感覚、思考の落差が改善されることがこれからの大きな課題であろう、と感じた。豊島市場の部課長も同様の意見であった。「青森には大学教授クラスの指導者はたくさんいるが、それにつづく人がいない。青森リンゴの将来が気になります」とも言ってくれた。

ともあれ順調に推移し、農閑期となる秋から春先まで、晴れた日には毎日のように散弾銃を担いで狩猟に出掛けた。雉が豊富だった。まさに春風駘蕩の毎日。余計なことを考えず、欲を出さず、日々是好日そのものだった。のどかな山合いの沢伝いに雉と野兎を追い、腹が空けば腰の握り飯、沢の清水で喉を潤す。考えてみるとこんな平和な生活は後にも先にも、このときだけだったかもしれない。

四年目はさらに増産と堅実経営の実を上げようと意を強くし、この地域のりんご造り仲間の先頭に立ち、弘前で学んだ技術を伝えようと張り切った。岩手県北のリンゴの地位を確立し、市場価格の安定につなげようと意気込んだ。仲間も「さすが津軽の人は」、と信頼してくれるようになり、地域のリンゴ生産組合の長に乞われるようにもなった。われながら信じられない複雑な気持だった。

だが好時魔多し。青天の霹靂のごとく、私にとって苦渋の選択を迫られる事態が発生した。雇い主である山林王は自由奔放、活達自在な人物で、私に自由なリンゴ園経営を許してくれていたのだが、彼も一族の複雑な事情には逆らえず、私は一転して新しい主人に使われることとなったのだ。

新しい主人というのは、彼の故人になった兄の妾腹の息子で、大学を出て弁護士になるまで援助するという約束だったようだが、弁護士になることを断念して故郷に帰ることになり、私が担当するリンゴ園が彼の管轄下におかれることになったのである。彼の歳は私と同じであるが、園の経営について私とはかなり考え方の違いがあるようだった。さらに彼は亡父の後を継いで県会議員をめざすともいう。そんなところにも人生観の違いがあって悩んだ。住宅も新築してやるからなどと口説かれもしたが、どうしても一緒にやろうという気持ちになれなかった。さりとて安穏な家族生活を考えると今後の自分に自信があるわけではなかった。

そうした折り、弘前から一通の手紙を受け取った。手紙は、私に津軽に帰って、県会議員をめざす自分の手足となって働いてくれないかという内容のものだった。手紙を手にした私は、いずれを採るかという選択以前に気持ちが決まった。弘前では東亜連盟に連なるかつての国民党が協和党となってそれなりの勢力を維持しており、彼はその名のもとに市会議員となっており、市長にたいする影響力もかなりもっていた。県会議員になろうとする意欲も分かる気がして、よし、津軽へ帰ろうと決心してしまったのである。五年間のリンゴ園生活であった。

ところが、家財の処分もすべて手配を済ませ、なおも引き留めようとするリンゴ園の主人にも挨拶を済ませ、いよいよ津軽に発つというとき、また手紙がきたのだ。手紙の内容は、その後いろいろと考えた結果、今の自分には君を引き受ける力がないと思われるので今回は断念してくれというものだった。身重の妻と三歳の子供を抱えて、にわかに行く宛もなくなった私は、立ち往生してしまったのである。わが身に降りかかる無情が恨めしく、あわれにも感じられてならなかった。

大型農業機械販売の日々

降りかかる無情を振り払わねば回生できない。津軽に帰った私は、家の農業にふたたび手を染めることとなった。とはいえ、それですぐに食えるようになるわけでもなく、しばらくは兼業の道を探らざるをえない。

かくて、運命の茨の道は自分で切り開くしかないと、ありとあらゆる伝を頼りに職を捜した。

今は雇う余裕がないと断られながらも、建設事業をやっている友人の現場に入ったり、雪の道を慣れない自転車に一俵の米を積んで米屋の配達や、暗いうちからの新聞配達などなど。住まいも転々とした。

こうしたなかで三本木実験農場時代の先輩に相談したところ、農業用トラクターの製造販売を行う佐藤造機なる関連会社を紹介され、直ちに入社した。あたかも時代は農業機械が歩行型から乗用型に進歩しはじめた頃で、南部は畑作の機械化、津軽はリンゴ主体の大型機械化へ転進をはかっており、製造会社も競って国産化を模索していた。販売競争は激化し販売合戦に血道をあげていた。私はリンゴ防除用牽引トラクターの拡販をねらい、津軽の山野をかけ巡った。私の営業活動では、リンゴの栽培経験がそれなりの価値として認められ、成績をあげる手助けとなった。青森県リンゴ学校第一回卒業の実績が、こんなところで役立つとは思わなかった。

当時の日本の製鋼技術は欧米とは格段に違いがあり、輸入物の部品はヤスリがかからないほど硬くてしなやかだった。勢い、国産より輸入品が有利となり、外国産の農業機械の扱いに専念することとなった。後に虎ノ門事件で有名になった商社ニューエンパイヤモーター（後に小佐野賢治が買収）が扱うトラクターや農業設備が、以後の私の生活の決定的な位置を占めることになる。用語はほとんど英語ばかりで、小学校しか出ていない私には、懸命の努力による暗

記だけが頼りだった。（エンジニア講習で英文の証書をもらったときは、読めないながらも心底嬉しかった）

当時、青森県でも自力で機械を買えない開拓地などには、県農務課が選択して貸し与えることとなっており、毎年二、三台が購入された。県庁御買上である。その対象となろうと各社必死なのだが、県の役人にしても業者と接触する場合、つまるところ人間関係である。幸い私はどんな好感を持たれたのか、友達づきあいをしてもらえるようになり、それが会社も認める実績となって現れた。会社の扱う品が変わっても、商社が変わっても、県庁の職員が援護してくれることで、いわば身分が保証されることになったのである。だから東京本社の青森県担当として、かなり自由な営業活動をすることができた。

構造改善事業と新農政研究所

昭和三十六年、池田内閣の所得倍増計画が発表され、農林省の第一次構造改善事業が全国的に開始された。村々には四つん這い農業に決別できるかのような雰囲気が生まれ、津軽でも競ってこの事業への取り組みが進んだ。それまでのせいぜい一反区画だった田が、三倍の三反区画となり、機械の利用組合が作られて三十〜五十馬力の外国産トラクターが導入された。

それとともに私たち商社員は昼夜を分かたぬ販売活動である。地区の公園に十台も並べて入魂式を行うこともあったほどで、大型トラクターは飛ぶように売れた。とはいえ、大型のトラクターでやれるのは耕起、代掻きまでで、その後は相も変わらず人力中心の農作業であることには変わりがなかった。

この頃私は、昭和三十三年に施工された、積雪寒冷地特別対策事業での五アール区画圃場の高低差があまりにもひどく（猿賀堰土地改良区団体営）、これを女手ひとつで直している叔母を見かね、トラクターの代掻きで全部を二十アールに換えてやったことがある。今もほとんど変わりないが、圃場整備とは単位区画を大きくすればそれで目的達成で、均平度とか用排水が植物の発育や収穫にどんな影響があるかなどは、ほとんど問題にされていなかったのである。

そうした時代の要請であろうか、昭和三十九年、池田首相の肝前りで(財)新農政研究所が発足した。所長には池本喜三夫博士、スタッフは下村治、平田敬一郎、田中与造、神谷克巳ら当代一流の人物であり、政治家では赤城宗徳、毛利松平氏らも熱心な支援者であった。「国民のための農業と美しい国土造りをめざす総合誌」として『新農政』を旗印に掲げて全国運動を展開、勢い新しい時代へのステップとして期待された。津軽でも弘前に武田邦太郎氏らを招いて講演会が度々開かれ、講演だけではものたらず、一泊の研修会も行われた。

だが、皆にはいかんせん理想としか受け取られなかった。現実の厳しさとの狭間で、己の生活をかけられる状況にはなかったのだ。今日明日の生活を守ることに腐心する身には、夢にみるような農業革新は有りえないのである。口に出して反論する者こそいなかったが、それがみんなの本音のようだった。

新農政の運動は、時宜を得て燎原の火のごとくに拡がった。まさにその時であろうと、心ある農業者は渇してその時を待つ状態にあったが、しかし現実には変革の兆しすらみえなかった。「食料の危機か農政の危機か」と訴えつづけた池本の叫びも、多くの人には届かなかった。池田勇人は「日本農業の産業革命は、いつの日か、なんびとかによってメスを入れねばならず、このことは難事中の難事であるが、自分は敢えてそれに取り組むものである」と就任演説で述べたが、ついに国策にまで採り上げられることはなく、彼の死とともに消え去ったのである。

その後、昭和四十五年に農林省は第二次構造改善事業を打ち出すが、これは収穫後の処理施設が主体であった。五十％の補助金目当てではあったが、農家も農協も競ってこの事業に取り組んだ。そこには生かさず殺さずの論理が底流にあったのだろう。三十馬力クラスのトラクターにはじまって収穫関係へと、表面的には農業近代化への方向をめざしているかのようで、これを歓迎している向きもあった。世の習いなのか農民の浅知恵とでもいうのか、こぞって経営の実質に見合わない機械投資をはじめることになる。

もっともこの頃から米の値投が上昇気運に乗りはじめ、それは農村地域出身議員による圧力で毎年上乗せされ、昭和四十九年には一万三百円を越えた（次頁表参照）。二十年前とは大きな違いである。

この頃でも政治家の餌食になったのが農民だったかもしれない。そして日本列島改造計画が打ち出され、これによってわが世の春を謳歌かと思わせる風情が津軽にまで押し寄せてきた。新農政研究所も池本喜三夫氏の後を武田邦太郎氏が引き継ぎ、列島改造審議委員として、ふたたび世の脚光を浴びた。年来の夢が日の目を見るのでは、と思えるような機運も出てきた。しかし世の体制は逆方向に動いた。

農協関係者は裏に回って、農民切り捨ての論理としてこれに反対していたのである。

籾乾燥貯蔵施設の売り込みと低コストへの挑戦

私はといえば、こうした情勢を横目で見ながら、新しい営業活動に取り組んでいた。昭和四十四年から東急機械の青森営業所に転職し、ここで籾乾燥貯蔵施設の売り込みをはじめたのである。今はどこにでも見られる一度に四千～八千トンを処理できるカントリーエレベーターから、小規模なものはライスセンターとして設置された。ここでアメリカの事情視察をした農林省がそのまま受け入れた結果、補完しなければ使えない施設がいくつも生れることになる。(結局、国としての食糧問題として捕らえていないから、その場かぎりの対策が重点になるため、中途半端な設備になってしまうのだ)

当時は、刈り取って生のまま集め一挙に乾燥して製品にして出荷し、国がこれを買い取る体制なのである。日本のような湿度の高い土地に対応しうるだけの大熱量大風量の乾燥システムは外国にはない。一挙に大量の荷受けができる計算も未完成。根本的にアメリカの真似をすればこと足りると思ったのであろうが、すべてが小手先の改良手段で後追いになってしまう。高温多雨多湿、これが世界に冠たる米作国日本の自然条件なのである。解決は簡単だが、農林省も大学試験研究機関も手を出そうとしない。

答えは簡単明瞭で、次の三つである。①籾の品種改良。アメリカ並みのスベスベした籾殻にすると施設の乾燥効率が激変するのだ。②圃場改革。多雨多湿は暗渠排水と用水の強制自動化でほとんど解決できる。③コメ余りのごまかしを取り去ること。(この三つの課題はいずれも

国会決議の必要はなく、省の施行令でできる）

昭和四十五年、私の勤める会社はヨーロッパ型の乾燥施設（ドライストアー方式という）を輸入した。これは外気だけでゆっくり乾燥するもので、米粒が胴割れのしない乾燥仕上げができるという。北海道ではすでに導入されていたが、将来的にも有望なシステムになると思われた。まず青森県に売り込もうと、農協役員とともに北海道を視察するなどの活動が功を奏し、なんとか契約に漕ぎつけた。

この後が大変だった。県庁担当課の審査（ヒヤリングという）では結論を出せないまま、仙台の東北農政局へ約十日間も釘付けである。北海道でよくても東北ではたしてどうかとか、英国の鋼材の市況はどうか、などと微細にわたって質問される。同行した県職員も自分でも審査したはずなのに、農政局へいくと豹変して局の人間になってしまい、私たちを叱責する側にまわるのである。売り込んでものにしなければならない私たちは、何と言われようとうなずくしかない。そして夕方になると、県の職員がそわそわしながら農政局担当官の接待の打合せである。国と県の力関係から当たり前のことなのだろうが、私のような部外者にはどうにも理解し難いところだった。

だが、それにも増して問題なのは、何もしない（できない？）でも施設を半額で買えると思っているのであろうか、ひたすら黙んまりをおし通す当事者側の市町村職員と農協役員である。すべて販売会社まかせで、終いには研修結果の報告書まで作成させる。そこには農民の意志や期待があったのかどうかすらも曖昧模糊となる。それが、指導者であるべき彼らの姿なのである。何日も一緒に行動しても、これからの農政についての意見も感想も、ましてや批判の一言も彼らの口から聞くことはなかった。

あれほどに硬い姿勢を崩さなかった農政局も、弘前大学教授の乾燥データを一目見ただけでOK。人を馬鹿にするにもほどがあると思った。（連夜の県側のもてなしが功を奏したのかもしれないが）

籾乾燥の技術開発

ひたすら陰忍自重の日々が功を奏してか、他の競争相手を尻目に私の実積はダントツになった。競争相手から嫉まれ、社内で嫌がらせを受ける雰囲気が出るほど、この仕事に浸り切った。弘前大学の農学部教授と提携して、新しい籾の乾操システムの開発に取り組んだのもこの頃である。灯油を燃料にする乾燥機にはいつも火災の危険が伴う。また騒音やガラス質の混じる大量のゴミは近辺の苦情の対象となった。機械も扱う人によって乾燥むらがでたり、過乾燥になるなど、出荷するコメの品質に影響を及ぼしていた。

年々コメの値あがり傾向のなかで、農家の設備投資も競って行われた。隣がやれば自分の家でもやる、という意識が強いのが農家である。そして、その意識に巧みに取り入るのが、売らんかなの機械屋でもある。そうなると、中身の問題ではなく、知識のあまりない農家のレベルに合わせての勧誘が売り込みの成功につながる。私にはこれが思うようにできなかった。だから、個々の農家が買うような農機具の販売については、からきしダメだった。

気持ちを取り直して、弘前大学の新しい籾乾燥の技術開発を手伝った。後に学会でも発表された「遠赤外線パネルヒータによるもみ乾燥」（一九七七～七九年の研究）である。今では遠赤外線による暖房機器や乾燥機器が一般家庭にも入り込み、広範囲に利用されるようになり、遠赤線利用の循環型籾乾燥機も出回るようになった。ソフトな熱量でゆっくり乾燥させて食味を損なわないようにする配慮からのようだ。しかし排気ダクトの騒音などはほとんど変わらない。私たちが実験したのはパネルヒータだったから、音が少なくなったのだろう。

後に平成十三年十月の秋田での展示会で、乾燥機の遠赤外線の波長は？　と営業マンに訊いたら、怪訝な顔をしていたが、農業機械の世界では知る必要のない分野と思われていたのが遠赤外線なのである。この実験に取りかかるとき、波長の測定分析が必要になり、学内の物理学関係者に知恵を借りようとしたらけんもほろろで、測定機器の貸し出しも断られた。やむなく私の知り合いのルートで、このための測定機を製作してもらったが、農業の奥の深さを思い知らされた。

もっとも、大学や試験場でもこうした分野にまで立ちいることはしていない。先進農業国たらんとするなら、農学の諸分野をもっと整理統合して研究を推めるべきだろう。近年農業大学では、農業そのものの研究よりもバイオサイエンス関係に重点がおかれる傾向があるというが、日本の農業の現状分析、将来の展望、技術、経営等についての研究がもっとなされるべきではないだろうか。いつまでも旧来の農法の延長線上にあるような技術開発や、家族経営主体の経営技術論ではどうにもなるまい。農家二百戸に一人の後継者という現状。それを認識したうえで解明しなければならない問題が山積しており、そのどれをとっても緊急の課題なのである。

自営農業への回帰

昭和四十六年頃になると、これまでのさまざまな体験を糧にすれば、自分がめざしているものをやがて現実に成しうるのではないか、と思えるようになった。また、そうしたいと思うようにもなった。

勤める会社は、本来、農業用器機の販売が主業務であったが、籾の乾燥プラントや牧草の真空サイロの輸入販売も手掛けるようになり、総合商社への転進をはかっていた。この会社における私の勤務評価といえば、きわめて芳しからざるものであった。そもそも行動が専断的であるうえ、上司を上司とも思わないところがあり、扱いにくい社員だったのだろう。一方では仲間たちから信頼され、会社の上司をさしおいて結婚式の仲人役が私のところに持ち込まれるようなことがあり、また県内外の農業関係者、県庁や農協の役職員に知己が多く、私なしで会社の青森支店が立ちゆかないことなども、お偉方にとって苛立ちを覚えさせることだったかもしれない。

あるいは新農政研究所がはじめたＫＧ法という話法の実験で、農業の現況と将来の分析をするテストを日本能率協会とともに青森県鶴田町で行うことになり、それまでのいろいろな関わりから私が町長を説得して実施に漕ぎ着けたことがあった。

これは、単純に商売を考える人間からみれば、何でそんなことまでするのかということになる。会社からすれば、営業活動を逸脱して余計なことに頭をつっこんだ行為である。そんなことのあげく、会社は私の存在がうとましくなったのだろう。

昭和五十一年になって、会社は東京本社への転勤を言い渡してきた。それを知った県の経済連会長や農協の組合長など私の顧客だった人が反対運動を展開し、なかには本社まで出かけて役員たちに掛け合った人もいたというが、私としてはかえって居づらくなるばかりだった。私とすれば、東京に出ても千葉とか埼玉、茨城など知友をたよりにすれば営業活動をやれるとは思っていたが、本来長男である私が家を出て以来、寡婦である叔母に農家をまかせ、その叔母が病気がちで入退院を繰り返す状態を考えれば、これを見捨てて東京に出ることには忸怩たるものがあった。

その一方で、私はここまで村のなかでしてきた自分の行動の結果として、村をどう変えられるか試してみたい、という気持ちも強く働いたのである。（これまた私の無謀さの表れだったかもしれない）

この地方に生まれ、農民という呪縛から断ち切られたい、断ち切ることが新しい農村づくりになるのだという、子どものころに植えつけられた考えが、こうした意識となって首をもたげてきたのかもしれない。この年の三月、意を決して会社を辞めた。

会社を辞めたからといって貯えがあるわけでもなく、失業は翌月からの生活にまともに響く。

強く薦める人がいて、断り切れず地方の農機販売会社に身を寄せることになった。だがここも一年で辞めることとなる。

かつて世話になった岩手県の山林地主が私を探してやってきたのである。彼は所得倍増成長経済の波に乗って各種の事業に手を出すが、ことごとく失敗し、その結果、六十万坪に及ぶ土地の処分、もしくはその再開発計画に手を貸してくれないかというのだ。結局私はこのため、五年間をさらに余計な道草についやすこととなったのである。

多角経営としての椎茸栽培

この間、さまざまなことで騒がしく日々を送る一方で、自家の田を耕しつづけていた。とはいえ、自前の田んぼが一町三反（一・三ヘクタール）では、家族五人が安心して暮らしていくことはできない。反当たり十俵で、一俵が一万八千円なら十八万円。生産費は平均して反当たり十五万はかかる。差し引き一反からわずか三万円程度の収入である。全部で年に四十万円そこそこでは生活が成り立つはずがない。（現在では一俵八〇〇〇円～一万円）

県の指導によれば、余った時間で畑作をやれという（これを複合経営、あるいは多角経営という)。たとえばトマト栽培である。トマトを青いうちに収穫して九州方面に出荷、着いた頃に赤くなるのである。新鮮さが要求されるため飯食う時間も惜しんで選別を行い、ときには夜が白々と明ける頃までの作業になる。

だが、借金して始めても、合理化すればさらに費用がかさむ。しかも市場不安定で、価格はキロ三〇〇円~一〇〇円。これでは全部売れても手元には一銭も残らないどころか赤字である。自由化の嵐は容赦なく農家の懐に飛び込んでくるのだ。

いずれにせよ、借金してでも経営規模を拡大するか、複合経営に取り組んでみるしかない。そこで私でも何とかなりそうだと思ったのが椎茸の原木栽培だった。しかしこれも大変な作業になった。

ビニールの簡易ハウスを建て、冬場も出荷できる体制を作らねばならない。近くの山村には椎茸のホダ木になる楢や樫の木が少ないので、遥か白神山地まで取りに行かねばならない。これでも近い方なのだ。結局・むかしリンゴ栽培を経験した岩手県九戸郡軽米町に求めることになった。前の晩から泊まり込みで買いつけと運搬をやらなければならない。

椎茸の原木栽培が盛んになると、原木のホダ木が足りなくなる。都会の人たちの自然志向が高まるにつれて木炭の需要が増し、山合いの人びとは椎茸用に売るより木炭のほうが得策と考え、年ごとに原木の高騰がはじまる。計画性があり需要供給の関係を考えている者はどこにもいない。それなりのマージンは森林組合も農協も山のボスも真っ先に取る。

山林の多い岩手県から船で九州まで運ばれてゆく。そして日本一の椎茸産地が九州ということになる。県議会で問題となり規制しようということになったが、売る自由、買う自由までは規制することはできなかったようだ。軽米町で見つけられないときはその奥の久慈の近く、さらには盛岡の奥まで原木を探しに行った。

生椎茸の市況は不安定だった。組合にして共同出荷の形を取ればと考えて仲間を説得したが理解に至らず、形は組合、実質は個別の出荷になった。皆ささやかな自由にこだわるのである。自分の都合で仕事をし、人がやってくれることは当り前と考える。そこには何の屈託もない農民の顔がある。農産物の生産・出荷はある程度規格が一定しないと市場原理から外される。供給・消費のバランスの上にのっている自由化に対応するためには、避けて通れない原則なのだが、それを多くの農家に理解させるのは至難の業なのだ。

それでもはじめてから三年目で、この地方市場で一応の評価を得ることができ、一〇〇グラム一〇〇円という採算ベースに乗せることができた。

しかし、原木を見つける難しさはそのままだし、また合理化のしようのない手作業は辛く厳しい。水に漬けては乾かし、休養させては水に漬ける、この繰り返しのなかで茸を発生させ栽培が成り立つ。ホダ木一本につき年四回から五回、年間五千本程度ならば何とかなるが、それ以上は肩や腰に限界がくる。車に積んで運び水に漬けるが、水を含むから重くなる。それを井桁に積み替えると一日か二日で次々と茸が発生してくる。これを採取しながら作業は繰り返される。採り終えたものから集めて乾かす。菌の拡散を計る。この繰り返しの毎日である。

本来は山合いの村で自然を利用して栽培するもので、津軽平野のどまん中でやることではないのだ。いきおい、売上を確保するために過酷な労働となり、コストに合わない投資が必要になる。自分なりに工夫して、廃坑になった山から不要になった鋼材をもってきて再加工し、ホダ木の水漬けと引き上げ用の簡易クレーンを装備したりしてみたものの、これくらいが精一杯で、それ以上は資力がつづかなかった。

また、八キロほど離れた弘前市の新しい工業団地から排出される廃油を燃料にハウス暖房を行い、冬の栽培出荷も二年試してみた。それなりの効果はあるものの、独りでは労力・投資ともに過大となり、追いつかなくなる。

ようするに、椎茸栽培はその合理化に限界があるのだ。山間地の木立に囲まれた自然環境が最も適しており、家族経営が望ましい。それだと椎茸本来の風味が確実に保たれ、自然発生の品質に近づけられる。ところが近年の消費市場の動向はこれを許さない。自由化、つまり中国産といかに渡り合うかという問題に埋没させられてしまうのだ。結局、これらに合わせようとしても、旧来の感覚でものを考える農民は対応しきれないのが実状である。

農業改革への思い

昭和五十五年の二月十三・十四日、農林省委託特別企画事業として「農地の高度利用に関する懇談会」が五所川原市で開催された。新農政研究所の関係者として私も参加することとなった。主な懇談内容は、

①現在の農家が農業経営面でかかえている悩み、問題点についての懇談

②土地集積・規模拡大・技術革新・畑作や畜産の振興・稲作転換の合理的可能性についての提起と懇談

とされ、懇談会の研究内容は研究レポートとして報告されるだけでなく、テレビ寄合としてビデオ編集され、また金山地区における農業の新展開とコスト切り下げの可能性に生かされる、となっていた。農林省が相応の予算をつけ、その対象に青森県を選んで、農業の低迷打開の姿

勢を示そうという試みだった。

だが、中央官庁と県や市の農林課との間には事前の打ち合わせもほとんどなかったようで、懇談会の目的・意義が真剣に検討されることもなく、ひたすら役人の予算消化の舞台とならざるをえなかった。

それでも、一日目はまだなにがしか期待を抱いた参加者もいたようだが、二日目には昼食を終えると多くが途中退場し、会は一気に白けたものとなった。私も農家の低迷打破になにかヒントとなるものが、とのいくばくかの期待を抱いていたが、現実には行政も農民も農業崩壊についての危機感などどこにもない、と思い知らされただけであった。

その後、昭和五十九年、思いもかけず村長選挙に立候補することとなった。そもそもは、東京に住む弘前の友人が「定年後は弘前へ帰りたいが、それにはこれまで勤めた会社の仕事を受けられるような場を確保したい。資金は都合するから村長になってくれないか」と言い出したのがはじまりである。そう言われて、地方の因習に縛られたこの村を少しでも改革できないものかという思いを抱きつづけてきた胸が、にわかにざわめき立つのを禁じえなかった。成り上がりと言われるのを承知で、敢えて挑戦してみようと村長選挙への立候補を決めてしまったのである。

もとより私に軍資金などあろうはずもない。それでも、それまでの村と部落における立場、外交協会運動、新農政運動など、それなりに自負していたものが評価されるのでは、と思ったりもして、負けを覚悟での立候補だったが、それなりの期待を持ってはいた。だがそれすらも私の勝手な思い込みにすぎなかったのであった。結局、選挙でモノを言うのは村会議員何期といった経歴と、一票いくらという金の問題にすぎないなのだと思い知らされ、私の村長選挙への挑戦は完敗に終わった。

それから数年して平成元年、そのときの対立候補であった村長から、田舎館村の農政審議会の会長就任を打診された。私としてはある意味で相当な冒険であり、抜けきれない所にどっぷりと浸かってしまうことになるおそれもあるが、委員の人選も任せてきたので、私なりに思い切ったことができるのではとの思いもあって、引き受けることとした。

武田氏に委員となってもらい、また三十年来交友関係にあり、大型農業機械の基礎知識から近代の農業施設システムなどについて計り知れないほどの教えを受けた弘前大学の戸次英二教授（農業システム）にも委員になってもらった。これを一挙に村の農業革新への足掛かりにしようとの秘めた気負いもあった。

村では農政審議会にたいして、「農業者が活力のある生産活動を展開するために」として

（1） 国際化に対応し得る生産性の高い土地利用型農業構造の方向
（2） 多様化する消費者ニーズに対応する農業生産展開の方向
の二項目を諮問した。この年の九月、「諮問に対応するために―現状の把握と分析―」として私が審議会に提出した問題は次のような内容であった。
①委員各自の田舎舘村の現状と変革を求められる問題点（所感、感想）
②農業センサスの解説（県、村）
③村内各層による意識調査の実施
④戸次案に係わる資料収集の件
⑤諮問の主旨に対応するため、村農政全般についての基礎資料を作成する
その後も度々の会合のなかで、武田新農政の考え方に少しでも近づけられる方向で各委員が納得してくれることが私の最大の願望であり、期待であった。しかし①の「現状と変革」についていえば、私と地元委員の間には根本的な認識の違いが動かしがたく存在していた。（この点はその後も変りようのない問題として存在しつづけている）
それでも、国際価格の現状に対応するにはコストが最大の問題であり、先進国並みの圃場に変えることが必須の条件であるという結論には、なんとか達した。翌年の八月、村長に提出し

た答申書は次のようなものだった。私の農業改革への挑戦は、これを出発点として始まるといえよう。

答申は武田新農政研究所の論理にほとんど忠実にまとめたもので、内容は左記のようなものである。少し長くなるが、私のこの後の事業展開における基本姿勢を示すものでもあるので、読んでいただければと思う。

まず「一　国際化に対応し得る生産性の高い土地利用型農業構造の方向」ではつぎの六つの項目をあげた。

①稲作農家の経営耕地面積の拡大対策
②土地基盤整備による生産性の向上
③コストの低減化対策
④農業の担い手育成の方向
⑤婦女子に対する対応
⑥行政における事業の推進方向

①については、稲作を主体とした農業を継続していくには一定規模以上の耕地面積が必要で

あるが、売買による規模の拡大は難しいので、借地および農作業の受委託を効果的に進めて、新しい生産体制を確立することが必要だと述べた。農地の利用集積には、農地の所有者による地主組合等を組織して進めるべきであり、また営業形態によって農業者を、稲作（もしくは果樹）を主体とした経営を目標とし経営面積の拡大を進めることを目論む「稲作（果樹）専業農家」、花き・野菜等の施設園芸の経営により自立を目指し水田（樹園地）は稲作（果樹）を主体とする専業農家に貸付あるいは作業の委託をする「施設専業農家」、現状の面積を維持しながら施設化等により自立経営を確立する「自給立農家」、自給できる程度の面積は確保するがそれ以外は専業農家に貸付あるいは作業の委託をする「福祉農家」の四つに分類し、「稲作（果樹）専業農家」を中心として行うことで、土地利用型農業と施設利用型農業者間の労働力の調整も可能とした。

②については、土地基盤の整備にあたっては、今後、営農形態を「水稲を主体とした土地利用型農業経営を行うプロ農家」「花き、野菜等の施設を利用した集約農業のプロ農家」「複合経営のプロ農家」の三つの方向へ推進し、それぞれの形態にもとづいた農地の利用調整の方向を明らかにし、合理的な土地基盤の整備を進めることが必要であること、また事業費については国等の事業を積極的に活用して農業者の負担を軽くする、大区画による低コストのパイロット

実験区域を設定し実現可能な集落から順次対象区域を拡大していくべき、と述べた。

③については、現在の育苗・田植え方式の中型機械化体系では手労働が主体であるためコストの低減には限界があり、規模拡大によってのみ飛躍的な省力とコストの低減化が可能になること、それには圃場を数ヘクタール以上の超大区画に改造することが必要であると述べた。さらにそこでの作業には新たな機械類の導入が必須であるが、まずは現有機器類を駆使して、それを効果的に適用する方法を見いだすこと。たとえば、育苗・田植えに代えてラジコンヘリによる直播技術を確立すること、また除草剤や病害虫の薬剤散布にもこれを用いることなどであり、それらに対する技術革新への挑戦が必要であると述べた。

こうした生産コストの飛躍的な低減に挑戦する姿勢と実験的な圃場の設置は、近い将来、米をめぐる急激な変化を予想して必要不可欠な対応といえよう。

④⑤は、農業の将来を担うべき青年たちには、今後の経営のあり方として「働くだけでなく、余暇や自由な時間を楽しむことのできる経営」を望む声が高い。そのためにも、早急に農業の生産基盤を整備し、二次産業、三次産業と生産競争のできる効率的な生産システムを構築するべきであり、経営の委譲によって経営主としての自覚と責任をもたせるとともに、多様な団体との交流ができる機会を多く確保し、自主的な活動を展開できる組織づくりを進めるべきこと。

また婦女子には、従来の肉体労働から軽作業や事務的作業において農業経営に参画させ、過重労働の解消とともに家庭中心のゆとりある生活環境づくりを進めるべきである、とした。

最後に、これら事業の効果を最大限に発揮するには生産から集出荷までの一連の作業が円滑に行われることが必要不可欠であり、事業の実施にあたっては生産体制の見直しをするとともに、生産物の加工調整施設の機能充実を図る必要があるとのべた。

つぎに、「二　多様化する消費者ニーズに対応する農業生産展開の方向」では四項目をあげた。

①技術革新と情報化への対応
②農産物の個性化
③販売対策の多様化
④米の販売対策

技術革新と情報化の問題は、とくにコンピューターが農業の経営管理、農業生産のロボット化、栽培管理システム、農業市況及び気象情報の提供などさまざまな方面で活用されており、先進地ではすでに農業情報のネットワーク化が進められていることを考え、本村でもこうした先進技術に対応するための技術修得の方策を進めるべきこと。また販売体制については、多様化している消費者ニーズに対応し、農協等による消費者グループと提携した販売ルートの開拓を進めるべきこと。とくにコメの販売については、食味、品質を均一化するために生産者の合意にもとづく栽培協定の締結により生産管理を徹底するとともに、産地間競争に打ち勝つために産地精米を行いブランド化を進めるべきである、などと述べた。

私としては精一杯に智恵をしぼり、時間もかけ、まさに心血を注いだ内容だったが、村の委員たちの思考に大きな変化ももたらすことは期待できそうもなかった。

それは、あまりにも望外のことだったのである。

第Ⅱ部　農業革新と大圃場経営の模索

平成四年、いよいよ大規模圃場の経営に着手した。大規模といっても三・二ヘクタールの、ささやかものだが、それでも農業革新への思いで溢れていた。以下は、まだ希望に満ちた私の模索を、時間を追って記したものである。

減反政策の開始と産地直販への取り組み

昭和四十五年にはコメの値投が上昇気運となり、政府買上価格が一俵八千二七二円となった（次頁表参照）。一方、その前年の四十四年には自主流通米なるものが制定されて政府が買上に限界を設けはじめ、四十五年には減反政策の開始という大事件があった。

この頃はコメの主産地を自負していた青森県では、まだそれほどの圧力を感ずることもなく、さして気にする問題としては受け止められなかったし、農家は今日のような深刻な問題になろうとは考えもしなかった。

さらに、昭和四十七年に田中内閣が発足し列島改造案が発表されると、日本国中が土地をめぐって異様な興奮に包まれ、農業問題も有史以来の転換期を迎えるように思われた。

だが、大臣が何人替わっても日本の農政にはほとんど何の変化もなかった。米価の上昇とは

米の政府買入価格表（玄米1俵＝kg当たり）

年	買入価格	年	買入価格	年	買入価格	年	買入価格
昭和20	120	昭和36	4,421	昭和52	17,232	平成 5	16,392
21	220	37	4,866	53	17,251	6	16,392
22	702	38	5,268	54	17,279	7	16,392
23	1,458.4	39	5,985	55	17,674	8	16,392
24	1,759.2	40	6,538	56	17,756	9	16,217
25	2,540	41	7,140	57	17,951	10	15,805
26	2,976	42	7,797	58	18,266	11	15,528
27	3,454	43	8,256	59	18,668	12	15,114
28	4,273	44	8,256	60	18,668	13	14,845
29	4,003	45	8,272	61	18,668	14	14,370
30	4,064	46	8,522	62	17,557	15	14,870
31	4,028	47	8,954	63	16,743	16	13,800
32	4,129	48	10,301	平成元	16,743	17	12,000
33	4,129	49	13,615	2	16,500		
34	4,133	50	15,570	3	16,392		
35	4,162	51	16,572	4	16,392		

（注）政府買入価格には、62年産まではうるち1～4等平均、54年産からは品質格差導入によりうるち1～5類1～2等平均包装込み価格で、何れも米価決定時の見込みであり元年7月以降の価格については、課税農家に対し販売に関わる消費税相当額を別途支払う。

米価の変遷（同上表）

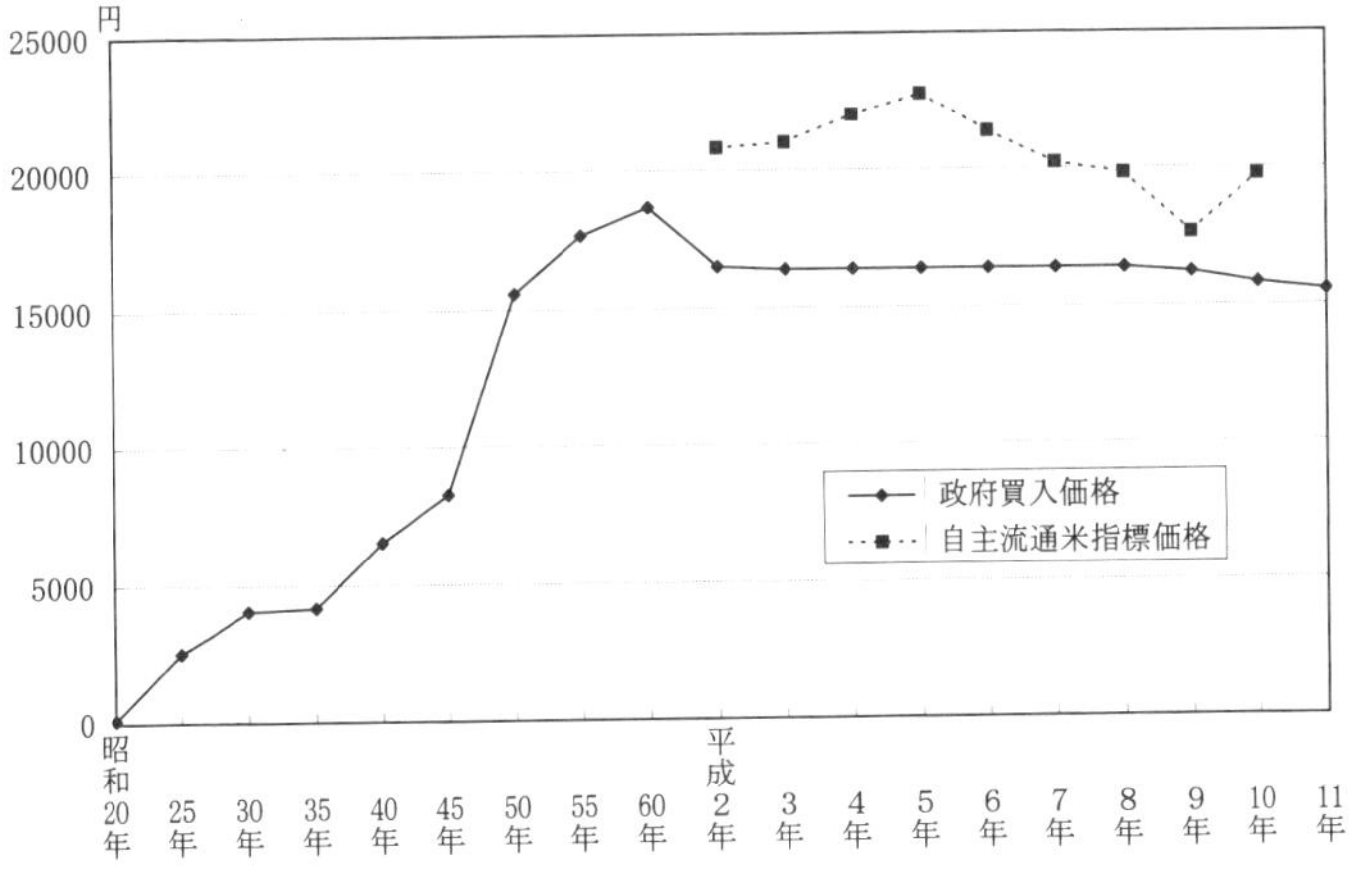

裏腹に減反率も上がる一方で、昭和五十四年にはついに十四パーセント減反となったが、池田勇人の流れを汲む宏池会系の内閣になっても、明日に希望を抱かせる農政の改革はその兆しすらみせなかった。

一方、米価は昭和六十一年の一俵一万八千九百七十一円をピークに下降に転じる。また市場解放が世界的なものとなってその余波が農家に襲いかかり、また減反の強化と米作にたいする規制が農家の足かせにとなって、給与所得者との農家の収入の格差は異常なほどに開く一方であった。そして減反・減収を補う方法として国から奨励されたのは、うんざりするほど過酷な労働が要求される多角経営であった。エリート役人は水稲と畑作とが簡単に転換できるものではないことなど、全く忘れてしまっているかのようであった。

経費と収益がアンバランスなっている実態について語る人もなく、政治家はそのことを無視して自分の利益誘導にのみはしる。そして農家は自分の子どもにはこんな苦労はさせたくないと、政治家に頼みこんででも農業以外の分野に跡継ぎを送り込んでしまう。農家は自らの手で後継者を抹殺していったのである。

そうしたなか、コメにたいする世界の圧力はますます強まり、昭和六十二年にはコメ自由化反対の三回目の国会決議もなされる。だが「例外なき関税化」による日本の米市場解放が強力に要請され、日本一国ではどうにもならない状況が青森にも押し寄せてきた。

一方、世は米を自由に売ることができる状況に移りはじめていた。八郎潟の干拓の入植地としてできた秋田県の大潟村では、すでに昭和六十年「あきたこまち生産者協会」をつくり、いち早く産地直販をはじめていた。ここは二十年前、私が農機器販売の営業で盛んに出入りした土地で、売り込みにいった機械の説明もそこそこに、新農政の何たるかを熱心に語った場所でもあった。その後も国民外交協会の講演会を毎年開ける拠点として出入りし、多くの人との知遇を得ており、「あきたこまち生産者協会」の人たちに産直の話を聞かされてもいた。

昭和六十三年になると津軽でも、米価安と減反強化の国策に耐えかねて、自分たちでもやってみようと仲間を語らって「米と生きる会」を作り、産直を始める人が出てきた。販路は主として青森市内、あるいは近隣の温泉旅館などで、好評だという話が伝わってきた。

私も志を同じくすると思われる人たちとともに、大潟村の「あきたこまち生産者協会」へ見学にでかけた。それは目をみはるほどの規模で経営されており、皆あまりの広大さに声もなく、むしろ現実性のうすいものとして目に映じたようだった。（現在の売上高六〇億といわれる）

それでも二年後の平成二年の秋、自分たちもやってみようということになり、翌三年の直販開始をめざして行動を開始した。

まずは、それまでに私と交友関係にあった組織や国民外交協会、(財)統計研究会などのルートを使ってのダイレクトメールの発送である。みなで手分けをして宛名書きをし、最初の発送は二トントラック一台分の宅配便であった。そしてこれなら少しはいけるとの感触があった。また借り物の精米機器では将があかない。暫時、規模に見合った機械の導入が必要不可欠だとの判断もした。いよいよ本格的になるかと勇み立った。

設備の拡充と宣伝活動

ある程度の量がまとまり、さらに拡販を目指すためにはそれなりの設備が必要になる。品物のイメージ・アップにはネーミングも重要である。とにかく、くる日もくる日もダイレクト・メールの宛名を書いた。これまでそんなことをやったことのない農家の人間にとって、これがまた大変な仕事だった。汗を流して働き、収穫したら農協の倉庫へ入れてしまえば、黙っていても通帳に金が振り込まれるというのがこれまでの生活で、ずっとその方法しか知らなかったのである。

農民はどうしても、それまでの長い習慣に惰性的に流されてしまうところがある。自分で作ったものは間違いない、安心して食べればいいのだと自分本位に考え、買う人の感情のさまざまな起伏や損得勘定を勘案してモノを考えることを知らないのだ。

だが、ダイレクト・メールは受け取る人間にしてみれば、頼んでもいないものが勝手に送られてくるのだから、開けて読んでみようと思わせる雰囲気のある外装や文字でなければ、門前払いにされるのがオチだ。そのあたりは、われわれにとってまったく未知の世界だった。でも、そこから始めなければ意識も変わらないだろう。とにかく先へ進んでみるしかない。

日本国中どこにもある米でも、青森でこそという特質を表現しようということで、田舎を強調することにした。ブランド米「いながのまんま」の誕生である。名づけ親は地元のタレントとして知られる伊奈かっぺい氏だった。会の名称も「田舎館生産者協会」とした。

すでに「あきたこまち生産者協会」では発足三年目にして消費者会員一万五千人を獲得していた（消費者会員とは、消費者自身が産地から自分の名前で直接送るシステムで、代金は後払い。一見無謀にみえるが、食管法をくぐり抜ける便法であった）。当時キロ当り七百円で（今も変わらない）、会員一人当り平均二十キロとすると、ざっと二億一千万円の売り上げである。これにはとても及ぶべくもないとは思ったが、少しでも後追いができないものかと考えた。

米を送るときは、米と一緒に会の案内のほか、稲作の状況、農薬の使用状況といった生産地情報を記したチラシも入れる。このチラシをつくるのも慣れない私たちには大変なことだった。でも私たちの近隣では誰もこんなことはしていない。一日も早く一人でも多くの消費者を獲得したいと懸命だった。私たちのこうした想いを都会の多くの消費者に届けたいと思い、智恵をしぼってダイレクトメールの文案をねった。

「お母さんにお教えしたい大事なお手紙です」

いつの時代でも子供達は、母親から与えられた食べ物は何ら疑うことなく口に運びます。それは母親は自分には絶対危険なものを与えないという生まれながら母親に対する安心と無限の信頼感によるものでしょう。

私達も世の母親が、安心して子供達に与えられるお米を生産し、直接お届けすることにして参りました。

そのお母さん達にお尋ねいたします。お母さん達は大切な自分の子供に与える食べもの、価値を価格で決められますか。それとも安心できるということで決められますか。

お米の品質の良い悪いを価格で比較することは、ご飯一杯とコーヒー一杯の価格を比較することと同じように「どちらも価値の違う物を比較する」ことであり無意味なことといえます。全ての食べ物は「価格」より大切な「安心」という価値で決まるのではないでしょうか。
好むと好まざるとにかかわらず日常の食卓には輸入食品、添加物入りの食品が所狭しと並んでいます。一歩外に出ると合成飲料の自動販売機がいたるところにあります。私達が輸入食品や合成保存料、合成着色料等の添加物入りの食品を一切食べないで生活することは、不可能に近いのかも知れません。しかし、このような時代だからこそ毎日食べるお米くらいは、できることなら「作る人の顔の見える、育った所が見える、育ち方が見える」安心できるお米を子供達に食べさせてあげることがささやかな最上の贅沢ではないでしょうか。幼いころからの食生活がより健康な身体と心を育くむといわれています。

（中　略）

私達はこういう時代だからこそ、私達が自分達の子供と同じように愛情をこめて育てたお米をそのままの姿でお届けし、そのことにより一人でも多くの消費者の皆様に、私達の心をわかっていただければと思いこのお便りをいたしました。どうぞご理解下さい。是非一度お試し下さい。

（中　略）

今お米屋さんの店先は有機栽培米、低農薬米と、揃いの幌がはためいております。私達のところにも有機栽培でもいくらなのに、低農薬米でももっと安いのにという問い合せが来ます。

私達から申しますと、消費者の皆さんにどうして有機栽培と低農薬米の違いが判るのでしょうと思います。それはお米屋さんの表示、幌がそうだからというだけではないでしょうか。本当にそれが判るとしたら、農家の顔のみえる立場と交際を続けるか、実際にその時機に出かけてみるしか判りようがないはずです。

私達のお米は、価格のみを比較すると他より決して安くはありませんので、単に物珍しさや高いことが良い品質だと誤解されている人ではなく、私達のお米の価値のわかる人を求めています。その人達のためにお米を作りお届けしたいと考えております。日本人一億二千五百万人の中で、偶然巡り合った仲間として「共に生き共に喜べる人」を求めています。

この手紙を毎日のように宅配便に持ち込み、全国に向けて発送した。そして、そんな努力がむくわれて平成三年秋、第一回の出荷となった。送った量は二、七〇〇キロ、米俵にして四五俵分だった。

直販が始まれば自分たちの生産量だけではおっつかない。ある程度の在庫が必要になってくる。そのためには低温で貯蔵できる倉庫が欲しい。また相当量を製品にできる新しい精米設備も欲しくなる。しかし農協は金は貸してくれないし、言うまでもなく銀行は保証人なしでは農業には金を貸さない。しかし、資金の目途が立たないからやめようとは考えなかった。幸い知人の建設会社社長が保証してくれることになって、倉庫の建設資金を捻出することができた。融資枠一、三〇〇万円、個人保証で、子どもたち名義の宅地が抵当である。（これが後の借金地獄の始まりになろうとは、思いもしなかった）

大規模圃場への着手

この頃、千葉県佐倉市にある印旛沼土地改良区のスーパー圃場整備が各地で話題を呼び、その中心人物である兼坂佑氏は東奔西走の講演活動をしていた。近くでは、隣の浪岡町や青森県庁にも呼ばれ、わが農政審議会でも講演を依頼した。

この印旛沼のスーパー圃場は総面積三〇〇ヘクタール、四工区からなっている。いずれも一区画は大きく、最大の鹿島工区は約百ヘクタールもある。田には湛水（いわゆる水田）と乾田（水をはらない田）の両方があるが、乾田ばかりでなく湛水でも代掻き、田植えは行わず、ラジコンのヘリコプターで上空から種籾を直播きする。

乾田直播はアメリカのカリフォルニア州で以前から行われている方法だが、これだと、田に稲を植えつけるのに要する時間は飛躍的に短縮されるし労働力も大幅に少なくてすむ。たとえば従来の方法で六十ヘクタールの田に田植えを行うと、一日八時間労働で約一カ月かかる。それがこのやり方なら、二時間半で終わってしまう。また田植えに要するコストも十分の一ですむという。十ヘクタールの田に田植えするコストは、代掻きから田植機の消却費、労働費などを含めて約三万円かかるのにたいして、この直播のコストは、ヘリコプターのチャーター料、種籾代、労働費など全部足して三千円ほどだというのだ。

ようするに、きわめて低コスト、低労力、少時間で広い面積の田で米が作れるわけで、まさに農業革命といってもよい。

今日、全国の農家は深刻な労働力不足・後継者不足に悩んでいる。特に米作は、以前にくらべて機械化が進んでいるとはいえ、厳しい労働と労働への対価の低さから、若者ばなれが著しい。こうした状況に対処するには、中途半端な機械化などではなく、こうした抜本的な改革が不可避なのだ。そうすれば世界一安いコメづくりができる、と兼坂氏は夢を語った。

私も兼坂氏と同様に大規模経営の考えをかねてより抱いており、それは彼の考えと軌を一にするものであった。ただし兼坂氏の場合は、印旛沼埋立という国策事業とのかね合いで行われたものであり、私たちには通用しない側面がいくつもあるし、同じ方式で進めようとするならば、膨大な時間が必要になるだろう。私たち独自の構想が必要であった。

ともあれ私は、自分の耕作する一角を隣り合った田と合わせて一枚にできるのではないかと考え、それらの田の持主八人の説得にかかった。その結果、彼らの承諾を得ることができ、これを三・二ヘクタールの圃場にして、協同で耕作する計画を進めることとした。平成三年晩秋のことである。

県に提出した事業実施設計書に記した事業計画では、事業の目的を「コメ生産のコストダウンのため、大型圃場にし、ラジコンヘリでの湛水直播、同薬剤散布から追肥まで、それに地下潅漑方式をとりいれて、本県での十アール当り平均労働時間である五三時間を十時間以内に短縮し、経営規模の拡大を図るとともに、国際化時代のプロのコメ農家の育成をめざす」とし、事業費は二九、七二六、〇〇〇円、その負担方法は国庫補助金が一三、二五七、〇〇〇円（四四・五％）、村補助金が一六、四六九、〇〇〇円（五五・五％）であった。

また、「夢と希望を実現するスーパー農業の道先案内人（低コスト化、水田農業大区画ほ場整備事業」なるチラシには、水田の区画を一ヘクタール以上、最大十ヘクタール程度の大区画とし、また「大区画の特徴」として、

◎ほ区の面積は100m×300m(3ha)～200m×600m(12ha)です。また、ほ区内は同じ高さにし、均平なものとします。（無限の規模）

◎ほ区内は所有権、営農規模、作業体系、水管理などの状況により、畦畔の設置や移動によって、随時その区画面の変更が出来ます。（自由度のある区画形状）

◎用水路は、パイプラインにします。同時に用水は自動給水（オートイリゲータ）が可能なものとします。また、標高及び土壌条件から地下かんがいが可能な地域については、支線排水路の管路化も図れます

と謳い、次頁のような図を付した。

私たちの構想は武田新農政研究所や兼坂佑氏の方式とは基本が違っていたが、しかし彼らを手本にして私たちは論議し、計画を練った。

だが、国も県もそれを自分のものとして受け入れることの是非についての議論はしようとはせず、ただ従来の慣例の上に組み立てて考えるだけ。初めに予算ありきで、単に区画を大きく

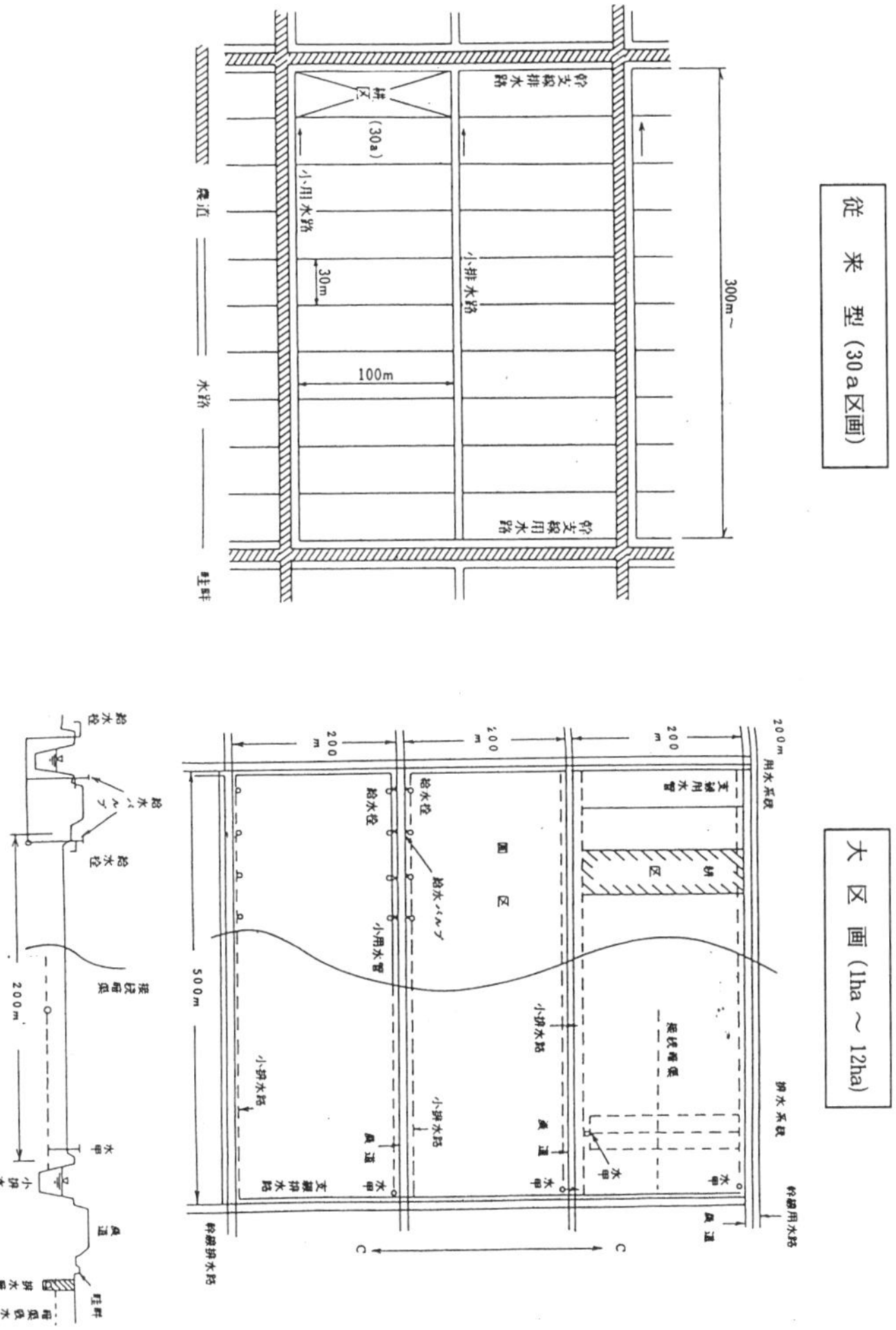
従来型(30a区画)
300m～
100m
30m
耕区(30a)
小用水路
小排水路
幹支線排水路
幹支線用水路
農道
水路
畦畔
大区画(1ha～12ha)
200m
500m
用水系統
排水系統
支線用水管
給水栓
給水バルブ
圃区
耕区
小用水管
小排水路
支線排水路
水甲
農道
幹線用水路
幹線排水路
C—C断面

大区画の特徴

すればよいという発想しかないから、三町歩を一枚とする計画は承認されず、一枚を一町ずつとした三枚の圃場でなければいけないという。

その反対の理由としては、「直播栽培の導入は初めてのことで、技術が未確立のため、一度に大面積に直播技術を導入するのは危険と判断される」「営農上ほ場の均平化が難しい、風波高等の安全性や水管理が難しいなど、大区画圃場における稲作技術が確立されていない」「機械、施設の効率利用の観点等から、作期の異なる数品種を組み合わせることが重要であり、複数の圃場が必要であることから適当と判断される」などというものだった。

これに対して、三町一枚ではなぜいけないのかという反論を延々とつづけ、ようやく認められることとなったのだが、その間、あまりにも官僚的独善の連続で、あきれるばかりだった。

とにかく私たちの構想は、経営の方法やコストのことなど、発想が違う役場職員にはほとんど理解されず、私が施行の責任者というのは名前ばかりで、際限ない論争のあげく、いっこうに計画は進まない。あげく、せっかく三・二ヘクタールの圃場にしたのに、左右両端の畦排水路は除外されてしまい、増歩どころか減歩になってしまった。

兼坂氏の言うような、区画整理で不要になった国有地は速やかに民間に払い下げるといった発想はどこにもないのだ。国有地を管理する土木事務所は、前例がない、の一点張りで厳として応じない。国の食糧を確保しようという私たちの意気込みも、役人たちの上意下達の論理の前にはまったく無力であった。

本来は、国が全国について適地選定の基本を定め、さらに安定経営の基準となる圃場の大きさを決め、作物の作付けについて田と畑を自由に転換できる耕地にするといった発想の先頭をきるべきなのだが、そんなことは望むべくもない。兼坂氏にもこのあたりの対官僚対策について質問したが、秘策などあるはずもなかった。

ともあれ、私たちの三・二ヘクタール圃場は平成四年にできあがり、高低差の不安定をかかえたままではあったが、排水パイプ、給水ポンプ、調整弁などを設置し、ラジコンの

ラジコンヘリを使っての種播き

ヘリコプターを使っての湛水直播の実験に取り組むことになった。先輩格の岩手県水沢市の及川氏の圃場を春夏秋と繰り返し見学し、おおよその見当はついていた。

だが、いざ始めるとなると補助金付きのモデル事業ゆえ、関係官庁からの干渉は対応し切れないほどだった。自らの体験にもとづいたわけでもないのに、微に入り細にわたる確信に満ちた行政指導があるのだ。種はカルパーコーティング（雑菌が入るのでは、ということで石灰性質のものでコーティングすること）にしろ、水が多すぎる、粘着状態にしなければいけない、風向きがいいとか悪いとか、工程をまったく想定しない人たちよる問題提起には、ほとほと悩まされた。それでも我慢の連続で、何とか種蒔きを終えることができた。

そして夏を何とか無事に過ごし、刈り入れの秋を迎えることができた。収穫は一反（一〇アール）当り八俵（四八〇キロ）で、初めてで慣れない面があったことを考えれば、私としては上出来と思われた。経費は青森県平均の三分の一程度であった。

この年は全国的に不作だったが、私たちの地域は比較的平年作に近い状態で、各地から引きも切らない問い合わせが殺到した。品質に関係するクレームの処理も多かったが、お客も増え、まずは順調なすべりだしに思われた。

ところが、思わぬところからトラブルが発生する。私たちの直販が食糧庁ルートに知れることなり一騒動となったのである。私たちのちらしのコピーが九州の諫早市食糧事務所から青森食糧事務所に届けられるや、連日のように地元の食糧事務所から直販を止めてくれとの説得である。話し合っても無駄ということになると、今度は運送会社へ法律に反しているから取り扱わないようにとの強硬な甲し入れがなされた。そして運送会社の担当者は恐れをなして荷受けを断ってきた。

ところが運送法の規定によれば、危険物と思われるもの以外は必ず受け付けることが義務づけられており、荷受けを断る理由がない。危険物以外はその中身を調べるわけにはいかないのである。米なのか大豆なのか、開封して調べることはできない。しかも荷主の名前は私たちではなく、買ってくれたお客なのである。運送会社の支店長は社の上層部から運送の何たるかを知らないと叱責され、わざわざ詫びにきた。

そのうち米価は低落、減反増加、秋田県大潟村の食管法違反事件が不起訴になったりで、わが食糧事務所も音無しの構えとなった。

かくて、この生産体制を今後も維持できるかどうかが課題となる。だが、わずかな自信とともに不安も払拭できず、一日も早い計画認定と資金枠の確定が待たれてならなかった。居ても立ってもいられない日々が続き、さらに未完成同様の圃場を均平にする作業も難題だった。暗渠排水パイプは施工状態が悪くてうまく機能しないのである。

そうなると、あれほどお節介をやいた関係官庁もぴたりと静かになった。農林省の東北農業試験場から特別派遣されてきた人も、誰も本気で応援してくれない実験に耐えられなかったのか、翌年は別の研究所に移っていった。このときはっきりと感じたのは、国も県も、稲作・畑作、いや食糧というものを民族自活の問題としてはまったく考えていないのだ、ということだった。

カモの被害に泣く

翌平成五年も、前年同様の農法を試みた。しかし春に籾をラジコンヘリで直播きしたところ、その籾をカモに食われてしまうという事件が発生した（カモは一羽で約六十キロの籾を食べるといわれる）。対応に苦慮した私が県に相談したところ、直播の専門家が農水省から派遣されることとなったから、安心して協力を仰ぐようにと言ってきた。

派遣されてきたのは東北農業試験場の次長格の人で、私もその能力に密かに期待した。彼は連日ポリバケツに田の泥を掬い、カモ被害の実態調査にあけくれた。まさに孤軍奮闘、海原にも似た三ヘクタールの泥田のなかでの作業だった。だが、五月も過ぎ六月になっても、籾から芽が出てこない。それどころかバケツで掬いとった泥を全部洗って調べても、一粒の種籾も検出されないというありさまなのだ。

カモをなんとかしなければということで、レーザー光線を使ってみようということになった。これは爆音器などを制作している会社が言うことなのだが、レーザー光線を当てればカモを追い払うことができるというのだ。レーザー光線は眼に当たると失明する危険があるのだが、そのレーザー光線発光器制作のための部品を買い込み、技術書を手がかりに独力

わがもの顔で歩き回るカモ（以下写真は読売新聞社・秋山哲也氏提供）

カモ撃退用のレーザー光線装置

で組み立て、据え付け作業に連日追われることとなった。

だが、カモは同じ場所には降りてこないのだ。だから一方向にしか進まない光線では効果があらわれない。一八〇度動き、反転を繰り返すような装置でなければだめなのだ。そんなものは素人の私に作れるわけがない。結局、私のレーザー光線装置は半端な実験に終わらざるをえなかった。部品・資材に投じた費用と私の労力は全くの無駄となったのである。

結局、直播きをあきらめ、すでに六月になっていたが、従来のような苗の移植を行うこととなった。時期を過ぎての田植え、そして田植機械用のおよそ一万箱の苗の確保も、また大変なものだった。これらのカモ被害のことは読売新聞の外国語版に写真入りで紹介された。

ウルグアイ・ラウンド問題

この年の十二月、いわゆるウルグアイ・ラウンド（多角的貿易交渉）がまとまる。日本人にとって欠かすことのできない米という農産物の市場が、世界に向けて丸裸になるという、コメを作る人間にも食べる人間にもきわめて重大な事件であり、日本の食糧政策の根本的見直しを迫られる事態が発生したのである。だがそれにもかかわらず、役人にも、政治家にも、そしておおかたの農家にも、事態を深刻に受け止める空気は薄かった。

農業団体の顔色を伺いながら一票とのかねあいで動く政治家と、国際的なポジションと国内政治のバランス維持に腐心するだけの官僚。関税化は回避したことになっているが、ミニマム・アクセス（最低輸入量）という妥協案でその場をしのぎ、その後も何の対策もないままツケは農家にまわし、年々歳々その場限りの対策案が重ねられていく。全農を通して支払われる助成金は世の顰蹙を買い、農業そのものに益とはならないという指摘も多くなされた。だが、多くの農家はそれでも沈黙をつづけた。

米の自由化は、たんに外国から安価な米が大量に流入し、それによって米作農家が圧迫されるといった問題ではない。これは日本の農業のありようを根本的に問われる問題なのだ。私は、ウルグアイ・ラウンドをめぐる日米間の交渉が進むなか、以下のような要望書を政府に提出した。日本の農業の進むべき道はここにしかない、という思いを強く込めたものであった。

要望書

最近の我が国と外国との関係の中で、特に農業問題は、緊急且つ重要欠くべからざる課題と考えます。就中、ガットウルグアイランドについては、朝野の議論多く、貴職に於てもその対応に苦慮されているものと推察いたします。

賛否両論数多くその中で、所謂、農業関係者といわれる人々からは、一粒たりともこれを日本国に入れることは農業そのものを破滅させるかのような極論さえ生まれているのであります。本日、私共は、この誤った判断と、我等が農業者の立場と信条を披瀝し、今後の世界経済の中における日本の立場に誇りを持って主張されるよう希望するものであります。

一般に言われているように唯自由化を恐れ輸入を恐れるのみでは、私共の農業はよくなりませんし、問題の解決になりません。一日も早く先進国並みの低コスト経営ができ、激減する農業人口に歯止めをかけられる基盤整備が急がれることが絶対必要であることを添えるものであります。

私共は、自主自立の農業経営を求めております。単に、アメリカの米を恐れるものではありません。そのアメリカを追い越せる自信と恵まれた自然があります。一刻も早く、これが対応に国全体の方向が動き得るよう要望するものであります。

結論を求められる国際関係の中で、私共のような意志を持つ者も多数あることを念頭に今後のウルグアイランド交渉に自信を持って当られるよう強く要望するものであります。

この要望書に添えて送った理由書では、自分たちは自由化を恐れてはいないことを繰り返し述べたうえで、しかし農業者の生活の苦しいこと、後を継ぐ若者の少ないこと、根本的な構造改革の必要なことを訴えた。

『文芸春秋』の平成六年四月号に掲載された嵐山光三郎氏の「水田をつぶすな」という記事などでは、自由化を恐れるあまり、それによって水田がつぶれてしまうような書き方がなされていた。「日本は小さな国土という不利な条件を克服しながら工夫、改良、農法の合理化を行い

ウルグアイ・ラウンド関連年表

1986年	9月	ウルグアイのプンタ・デル・エステでウルグアイ・ラウンド（多角的貿易交渉、以下URと表記）の開始が宣言される。
	9月	「日本のコメ市場は閉鎖的」として全米精米者協会（RMA）が米通商法301条にもとづき米通商代表部に（USTR）に提訴。(翌月却下される)
88年	9月	RMAが2回目の301条提訴。(翌月却下される)
	9月	コメの自由化反対の国会決議。
90年	4月	米国際貿易委員会（ITC）が日本のコメ関税率について620～733％との試案を発表。
	7月	政策構想フォーラムがコメの関税率164～308％との試案を発表。
	12月	URでガット（関税貿易一般協定）事務局長が妥協案を提示（ダンケル案）。これ以後アメリカはダンケル案に明示された「例外なき関税化」の原則にそって日本がコメ市場を開放するよう強く要求しつづける。
92年	11月	米・EC間で農業合意（ブレアハウス合意）がまとまる。
93年	2～5月	米クリントン政権内でURへの対応策などを討議し、「例外なき関税化」という原則を求める強硬路線からコメ問題でも柔軟に対処する姿勢への転換を模索。
	3～4月	URをめぐってUSTR代表とEC副委員長が協議し「トリガー戦略」を策定。

年表つづき

1993年	6月	官僚レベルでの日米コメ秘密交渉再開。
	7月	東京サミットに合わせて開かれた四極通商大臣会議で、鉱工業製品などの自由化交渉進展。
	7月	ガットの新事務局長のもと同事務局も8月にかけてURへの対処方針を練り直す。
	7月	自民党単独政権が崩壊し、細川連立政権誕生。
	8月	冷夏の影響で記録的なコメ不足が顕在化。
	9月	ニューヨークで細川首相とクリントン大統領による日米首脳会談開催。
	10月	日米首脳会談でコメ市場の部分開放が基本合意される。ECをはじめとする各国にたいして日米合意を認めさせる「マルチ」化交渉の開始。
	10月	コメ交渉で日米が基本合意。
	11月	USTR代表とEC副委員長が会談しURの暫定合意に向けて交渉を加速させることを確認。
	12月	農業分野交渉のドゥニ議長、調停案を提示し日本政府が受け入れを表明。
	12月	ウルグアイ・ラウンドが妥結。

参考＝軽部謙介著『日米コメ交渉』（中公新書）巻末「コメ交渉関連年表」

生産の向上を計り懸命の努力をし、ぎりぎりまで譲ってきました」とあるが、農業者から言わせると決して不利な条件ではない。農法の工夫や合理化において的外れなことばかりしてきただけなのだ。稲作についていえば、移植の方法が人の手から機械に変わったくらいで、基本的には大化の改新以来そのやり方はほとんど変わっておらず、根本は人間の手労働が全てと言ってよい。

私たちの田舎館では、二千年前（弥生時代）の水田跡が発見され、稲作北限の地と言われている。そして多収穫日本一を何回も獲得している。だが農家の生活は以前にも増して苦しく、約七割がほかの仕事で収入を得て生活している。村全体で一六〇〇ヘクタールの水田があるが、跡継ぎになるであろうと思われる三十代の若者は十四名しかいない。これでは嵐山氏の言う最後の砦は守り切れないのは、誰の目にも明らかである。たとえ一俵が二万円になったとしても、他の産業並みの生活資金は得られそうにもない。輸入自由化を云々する前に国内の自由化を行えるようにしてくれることこそ必要なのだ。

米価据え置き反対、自由化反対、食官法維持と叫ぶ人たちのほとんどは本来の役割を終わった七十才代以上の人である。農民と農家を守れという彼らは、どうすれば守れるかは何も言わず、すべてを政府のせいにするだけなのだ。生産基盤を整備できる見通しさえはっきりすれば、いつでも自由化は受け入れてもいいはずだ。そうしたことを書きつづった。だが、私の要望は、何の返答もないままうち捨てられたようだった。

参考までにウルグアイ・ラウンド妥結までの道程を別表に整理しておく。ここには私たちが要望したような、日本の国益を考えての主張は少しも見られない。ひたすら不毛なコメ交渉が繰り返されたことが明らかで、はからずも政府の農業政策におけるビジョンのなさ、日本の農業を真剣に考える姿勢の欠如が、如実に表れているといえよう。

第Ⅲ部　改善計画への取り組みとまやかしの新農政プラン

平成七年から十年までの三年間は、孤軍奮闘の日々だった。私の行動記録軌跡は日本農業の絶望的状況を投影しているように思われる。

農業経営改善計画への取り組みと法人化

平成六年、かねてより県農業会議所などのすすめもあって、資金的な面と規模の拡大を併せた改善計画に取り組むことになった。これはこの年の二月に国が発表した新農政プラン（新食糧法）にもとづく大規模経営をめざすもので、前年度の問題への根本的な対応の必要に迫られてのことであった。計画は「高付加価値型農業の育成」と「農業経営育成生産システムの確立」を骨子とし、さらに三重大学の津端修一氏の提唱するグリーンツーリズム（農村休暇法への取り組み）なども併せて立案した。個々の経営よりも「二〇ヘクタール経営」をめざし、平成七年度の着工とした。

当初作成した「農業経営改善計画認定申請書」の内容は次頁の表のようなものだった。

設備投資額は総額一億七二三四万一〇〇〇円、なかでもミニライスセンターの建設費は一億一〇〇〇万円であった。

農業経営改善計画認定申請書の内容

①目標とする営農類型
水稲＋農産物加工販売

②経営改善の方向の概要
1．規模拡大によるスケールメリットの追求
2．高性能技術体系の導入による作業の効率化
3．直販事業の導入による付加価値の増大と拡販
4．生産基盤の整備による低コスト化、省力化
5．消費者との交流体験施設運営による広域交流と販路拡大

③農業経営規模の拡大に関する目標

	〈現状〉		〈目標〉（11年）
水稲作付面積	1.615アール	→	9,690アール
〃　生産量	33,000キロ	→	198,000キロ
借用経営耕地	95,999アール	→	20,000アール
作業受託	3.1ヘクタール	→	13.0ヘクタール
関連付帯事業	精米　ゼロ	→	180トン
	もち加工 ゼロ	→	5トン

④生産方式の合理化の目標（現状は何れもゼロ）

ミニライスセンター（半乾貯溜）	1基
トラクター（30PS級）	2台
コンバイン（6条）	2台
田植機（6条）	2台
トラック（2トン）	2台
フォークリフト	1台
もち加工・封入器	1式
パソコン	1式
堆肥盤	1式

⑤経営管理の合理化の目標
複式簿記→経理担当者をおきパソコンによる経営管理を行う

⑥農業従事の態様の改善目標
法人従事者3名・常雇1名　→　常雇3名・臨時雇4名・週休2日制とする

⑦目標を達成するためにとるべき措置

〈改善の目標〉	〈措置〉
1．規模拡大	作地面積の拡大・資本の蓄積
2．作業の効率化	作業受託面積の拡大
3．低コスト化	作業器機の整備充実
加工製品の導入	・半乾貯溜方式による生籾処理、堆肥の商品化
事務の能率化	・加工工場の新設、トラクター
	・コンバインの新規導入
	・コンピューター導入（一般・事務管理）
	・販路拡大、宣伝映画製作
4．広域交流体験施設設置運営	研修体験宿泊交流施設（稲作・ハウス栽培体験を経て広域交流と販路拡大）

☆

だが、最終的な申請書の提出までが、容易なことではなかった。計画の内容が多分野にわたるため、各分野の役所、あるいは農協が微に入り細にわたり討議・討論を行う。たとえば経営改善計画は農業委員会が認定し、資金計画は農林金庫（中金）が審査し、さらに資金計画のなかでも補助金がつくものは地方農林事務所が担当するなどである。しかもその各部門が連携して事にあたり調査検討するシステムにはまったくなっていない。もしあったとしても、責任上の問題が生じるのを嫌って、どこも腰の引けた態度に終始するのだ。

そして、そのいずれもがすったもんだを繰り返したあげく、四回も五回も書き直し、こちらの意志はほとんど無視された状態の申請書が出来上がった。「自分の主張を強行すれば、全ての助成も対策事業もダメになる」と言われると、あきらめざるをえなかったのだ。提出した書類には日付けがないが、それは余りにも度重なる変更による書き変えがあったため、日付が明記できなかったからである。ようするに計画書が役場の窓口を通るのに、一年近くの時間がかかったのである。

その間、十月には、規模を拡大して農業経営をするのだから法人組織にすべきとの指導が農業会議からなされて法人化をめざすことになり、そのための書き換えにも多くの時間をとられた。そのほかに資金の貸付枠についての変更も多いが、いずれも本質的な問題点の指摘というよりも、あそこで何と言ったか、あの人がどう言ったから式のクレームの連続なのである。

一方、家族全員の担保で借り受けた先行投資用資金一、三〇〇万円は毎月返済しなければならない。また売上が拡大するほどに設備投資のための金が増加する。そのためには一刻も早く資金調達の見通しをつけたいので焦るばかりである。そんなことには頓着しない役所は、農業者の追い詰められている状態など、ぎりぎりの状態になるまで想像もしないのだろう。今日は都合が悪い、会議だから、来週にしてくれで、どんどん時間を延ばされる。こちらはどうにもならない苛立ちに襲われるのだが、それでもじっと耐えねばならない。

そんなごたごたはさておき、法人化は私たちにとっても魅力的だった。法人化の奨励は平成四年の六月に農水省が公表した「新政策」にもとづくもので、農業者の意識改革の必要性を強調している。同省が作成した案内書には、

「これまでの一般的な農業のイメージは、『農家』という枠の中で、〃家計〃とか〝経営〟が混在化し、個人が家庭の中に埋没し、若者のやる気を引き出すシステムが十分確立されていなかったように思われます。そういう意味で、これからの農業の展開にとって『個を生かす経営』の確立が、非常に重要な課題になってくるでしょう。家族農業経営においても、基本は〝個〟であり、〝個〟から出発して、夫婦・親兄弟それぞれが個人を尊重し、経営のパートナーとして

位置付けていくことが大事になってきます」とあり、【経営上のメリット】として、
①法人化により法律による権利・義務の関係が明確になり対外取引における信用力が高まる
②法人化により家計と経営の分離が行われ、経理・経営内容が明確になる
③新規参入など人材確保が容易になり経営体として継続性が増す
④生産組織などが法人化することで構成員の自覚が高まり合理的運営ができる
⑤就業条件が安定化する
といった点が上げられている。

また【制度上のメリット】として「制度資金の融資枠の拡大」が謳われており、私にとってはこれが何より重要であった。法人の融資枠については「長期資金の農業経営基盤強化資金（スーパーL）は五億円（個人は五〇〇〇万円）、短期の農業経営改善促進資金（スーパーS）は二〇〇〇万円（個人は五〇〇万円）、また農地取得資金は四八〇〇万円～一億八〇〇〇万円（個人は一二〇〇万円～七〇〇〇万円）と、個人と比較して大きくなっています」と記されており、融資枠が五億円というキャッチフレーズはあまりにも魅力的であった。

法人化にあたっては、まず私たちの経営の基本構想を出せと言われ、法人経営組織図構想を作成した。組織としては「統括部・経理部」を上に置き、その下に「生産部」「販売部」「施設

事業部」の三つを置いて格好をつけた。「施設事業部」は、米以外に付帯事業がないと資金運用に空白が出るのではないかという心配から、これをカバーするものとして広域交流システムを主眼としたものであった。これはそれまでの私の交流の中から生まれたもので、さらに拡大方向があると図面も添えて強調した。だが、ほとんど見向きもされなかった。（産地直売を始めて以来、各地・各方面から引き合いもあった。田舎の自然とそこに住む人びととの交流は、都会に住む人たちの希望でもあった。埼玉の松下グループ、日本移動教室協会、横浜グループなど、すぐに計画を実施しようというところもあった）

組織図に付けた「法人経営の構想」というコメントの要点を記すと次のようである。

・平成六年十二月十二日付で資本金三〇〇万円の有限会社田舎館生産者協会を設立。当初社員は三名。

・経営全体を三部門とし、総体としての収益性、効率性が確保できるよう、計画的に各事業の推進をはかる。生産部門は従来の方式を継続しつつ、農業機械の効率的利用及び労働力の調整によりコスト低減をめざす。

・今後、増加が見込まれる借地約七ヘクタールを、低コストで圃場整備（三ヘクタール区画計画中）することにより、諸費用の節減を図る。

・販売部門の強化（会員制による顧客の拡大、及び産米の高品質化・均一化、さらにはダイレクトメール、生産現場における顧客との交流、映画、ビデオ等を通したPRを行うことによる顧客の信頼性確保）によって米の収益性の向上に努めるとともに、新規に着手する加工部門の製品拡大により、生産部門、施設部門への支援をはかる。

・籾摺り施設と半乾貯蔵施設の設置は、事業主体の収益を上げ全体の事業計画を推進する基本であるとともに、集落内にある地域の旧乾燥貯蔵施設の粉塵・騒音公害問題の解決策ともなりうる。

・広域交流宿泊研修施設については、すでに顧客の一部から体験研修を兼ねた交流の申し入れがあり、今後に期待すべきものが大きい。

十月二五日には農業委員会事務局において、県農業会議指導員のK氏より農業法人設立に関する基本説明を受けた。K氏は私とは旧知の仲で、氏が県庁にいたときライスセンターのことで随分と世話になった人だったが、かつては青森県の農業指導関係のエキスパートとして知られた人でもあった。彼は私の立場を理解し、より確実な経営が成り立つよう経営拡大の方向への策を考え、昼夜をいとわず私たちの時間に合わせて相談に乗ってくれ、試算をしてくれた。

また、県の指導方法や戦略に疑問を抱き、私とともにその理不尽さに憤慨してもくれた。彼のアドバイスにはしばしば納得させられ、それは私の新しい農業への必死の挑戦を勇気づけてくれた。

だが、結局は私たちの力不足、知識不足が露わとなり、村の農業委員会・農協などからさまざまなクレームを受け、二度、三度と書き直して出来上がったものは、すっかり役所の意向にあわせた作文になった。納得できないまま、理解も行き届かず、反論する時間もなくどうにか間に合わせて作り上げた計画書である。とにかく一日も早く正常な経営状態にするための資金繰りが望みだったのだ。

かくて十月三一日には定款および委任状を作成し終えた。それからも、何度も農委、農協、改良普及所、農林事務所と鳩首会談を繰り返し、そして十二月も半ばの十二日、法人登記について最終決定。役員は三名とし、さらに四日後の一六日に、(有)田舎館生産者協会の設立登記を完了した。

(私はこの法人とは、とくに「農業法人」と謳っているのだから、それ相応のメリットのあるものだと思っていたのだが、じつは格別の恩典もない普通の商業法人だということを後になって知った。むしろ法人であることがかえって経営上の制約になってしまった。ようするに法人経営もできる農業ということであり、他の分野からの参入を警戒しての一種のごまかしとも言うべきものだったのだ。官僚が机上で考えた全農対策のひとつで、農家をあくまでも農協組織の傘下に置くことで農業を規制し、農業の技術革新を国家的にセーブしようとの意図があったとしか思われない）

法人登記が完了したことにより、「農業経営改善計画認定申請書」の提出が可能となり、ようやく認定の手続きが終わったのであった。申請書に添付した「農業経営改善計画認定に係わる問題点について」という書類には、自然乾燥方式重点のミニライスセンターがこの計画にとっていかに重要であるか、そしてそれは私たちにとっていかに高額な投資であるか、またこれまですでに相当の金額が投資済みであり、このことが不可能となった場合、私たちの採るべき道は閉ざされることを強く訴える文章を記した。

ともかく、一刻も早い拡販を進めることと、先行投資としての倉庫や精米施設等の資金にメドをつけることが緊急課題だった。そこには、農産物（コメ）を商品として売ることの難しさが大きな問題として存在しているのだ。つまり、収穫は年一回であるのに対して、個人向けの販売は月一回であり、そのためには備蓄の用意が必須である。備蓄のためには大型の貯蔵庫を設備する必要があり、それには資金がいる。つまるところ、一般の製造業と同様、資本整備がポイントになるのだ。

これまでの運営のなかで、そのことをいやというほど思い知らされたのだが、同時に行政の側にはその認識がほとんどなく、一般企業以上に資金調達、資金繰りの困難さに直面することとなったのである。

宣伝映画の制作と頓挫

この平成六年には、可能なかぎり現状打開をはかろうとして、拡販の宣伝のための映画製作も試みた。

話の発端は三本木農場時代の恩人である三本管繁氏である。いろいろと話をしているうちに、コメやりんごをふくむ農産物の販促の手段として産地直送にこだわった映画を作り、これを全国で上映したらどうかといったことになった。それではということで、ドキュメント映画の制作に実績のある自由工房の工藤充氏を紹介してくれたのであった。

工藤氏に話を持ちかけてみると、それは面白かろうとの話。私と同姓ということもあってか、すぐに意気投合したが、彼も日本の農業問題にはかねてから強い危機感を抱いていたようだった。工藤氏とのさまざまな話しのなかから映画の構想もまとまり、プロのシナリオライターにその構想を具体化させ、映画の制作開始ということになった。映画『いながのまんま―青森県津軽、田舎館の米作りと直販―』の企画書には映画製作の主旨が次のように謳われた。

「工業製品は世界のトップレベル、GNPも世界第二位、しかしながら農業だけは低開発国並みの国、それが日本である。農業の後継者が年々少なくなり、農家一五〇〜二五〇戸に一人という現状、そのような彼等にさえ、減反・転作は容赦なく押しつけられていく。その原因を探っていくと、『低生産性』で『非合理的な経営が旧来のままである』という二つのことが浮び上がってくる。

国は今後十年間に約四二兆円の土地改良、構造改善事業を見込んでいる。このことは、農業もまた工業と肩を並べ世界最高の水準に躍進し得る大きな可能性を持っていると言い換えることができる。しかも、その可能性の諸条件は急速に成熟しつつある。国際経済の競争社会の中で日本が伍していくためには、『受益者負担が少ない』構造変革が何より急務である。

今、青森県は津軽平野のまん中で、この『構造変革』と『低コスト』に取り組んでいるグループがある。東北では不可能と言われる、『籾の直播栽培』である。昨年実績で一〇アール作業時間は、全国平均の十分の一に短縮された。《田植えのない米造り》《自動コントロールする用排水設備》は今まで実験すらされていなかったものである。

かつて経験しない新たな試練に今、立ち向かうのである。この映画にはその体験がそのまま写し出されている。多くの方々の共感を呼ぶものと確信します。」

そしてシナリオ作家による構成案は次のようなものだった。

ドキュメント映画『いながのまんま』

①冬、雪景色の津軽

津軽を象徴する雪の景色／田舎館の冬景色

ナレーション「青森県津軽の田舎館、この本州最北端の地に、一九九二年から新しいコメの生産が始まった。それは、流通の仕事をも含めた、未来に向けて生きぬく農業の姿であり、今日、混迷するコメ問題の中で、農家が生きぬく、一つのモデルである」

②田舎館生産者協会（1）　冬

事務所で働く人々／倉庫の様子

「田舎館生産者協会は四人のメンバーからなる。農村と都会の真の交流が新しい流通のシステムを生み出す――この信念で始められた。コンピューターを使っての情報分析、産地直送の意味と効果。それを達成するために、日々四人のメンバーは努める」

③三ヘクタールの田圃。耕起作業から水入れ。（四月上旬）

三ヘクタールの田圃が耕起されていく／そして水入れ作業へ

「かつて青森では、一枚の田を広くし、土地を改良し、水利用の方式を変えて、低コスト生産をすることは、不可能といわれた。生産者協会の中心メンバー工藤司さん達、研究グループは、これを可能にするため一九九一年から具体的な行動を開始。県や村の経済援助、土地所有者から農地を借り受ける、これらの根本の問題を解決し、昨、一九九二年度にこの三ヘクタールの田圃は、その実験的生産の緒についたのです」

④三ヘクタールの田圃作成に至る図解

分断されていた田圃の一枚化作業の図解／用水、排水構造の図解（この図は次頁に掲載―筆者註）

「どうして一枚化の作業をやったか、水の構造はどうなっているのか、これらが立体的な図解をバックに語られる。池本農法の日本に於ける具現である。こうして、新しいコメ作りの実験は開始されたのである」

⑤垂柳遺跡

先進的低コスト稲作技術確立実証モデル事業

用排水概念立体図

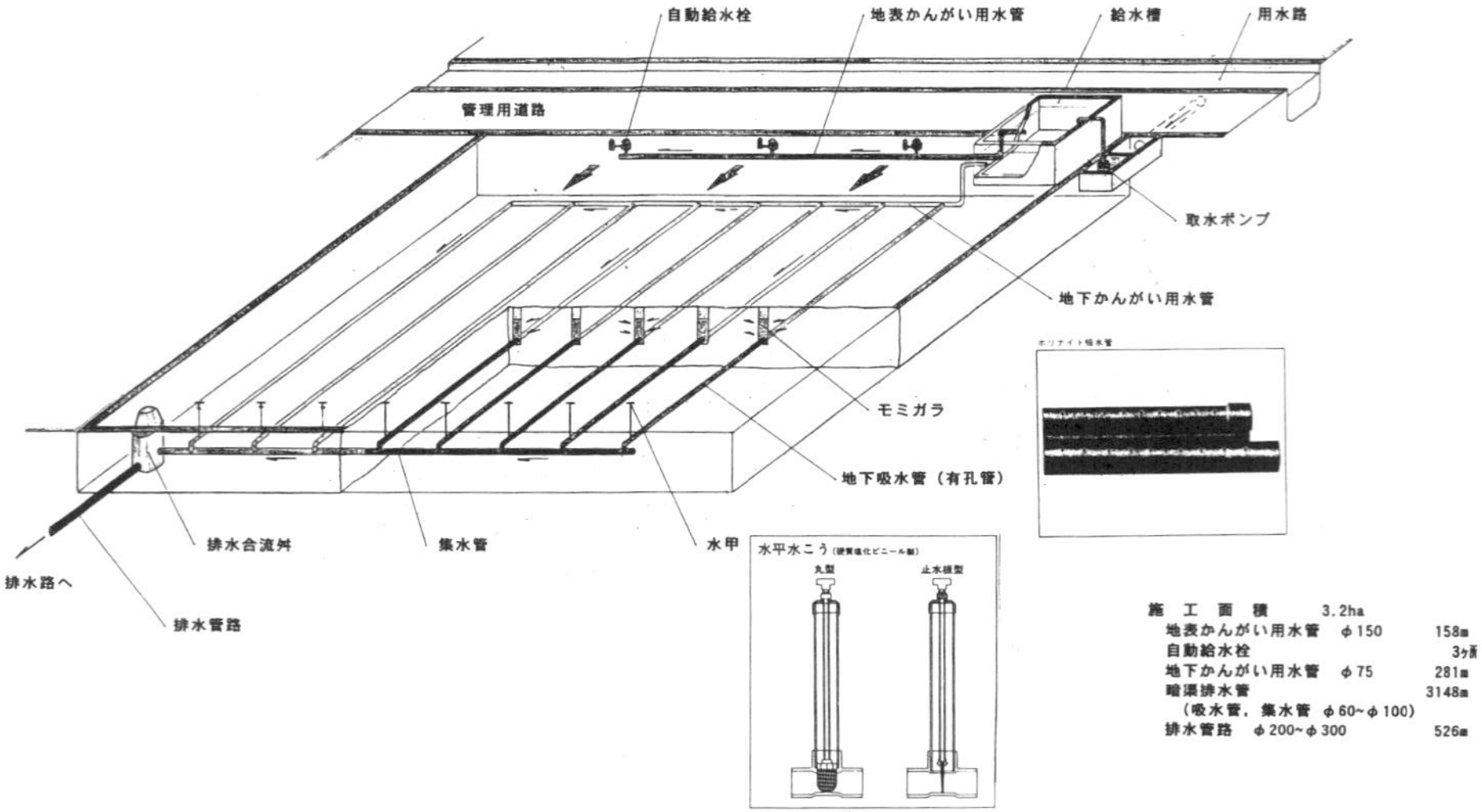

田舎館地区共同施行

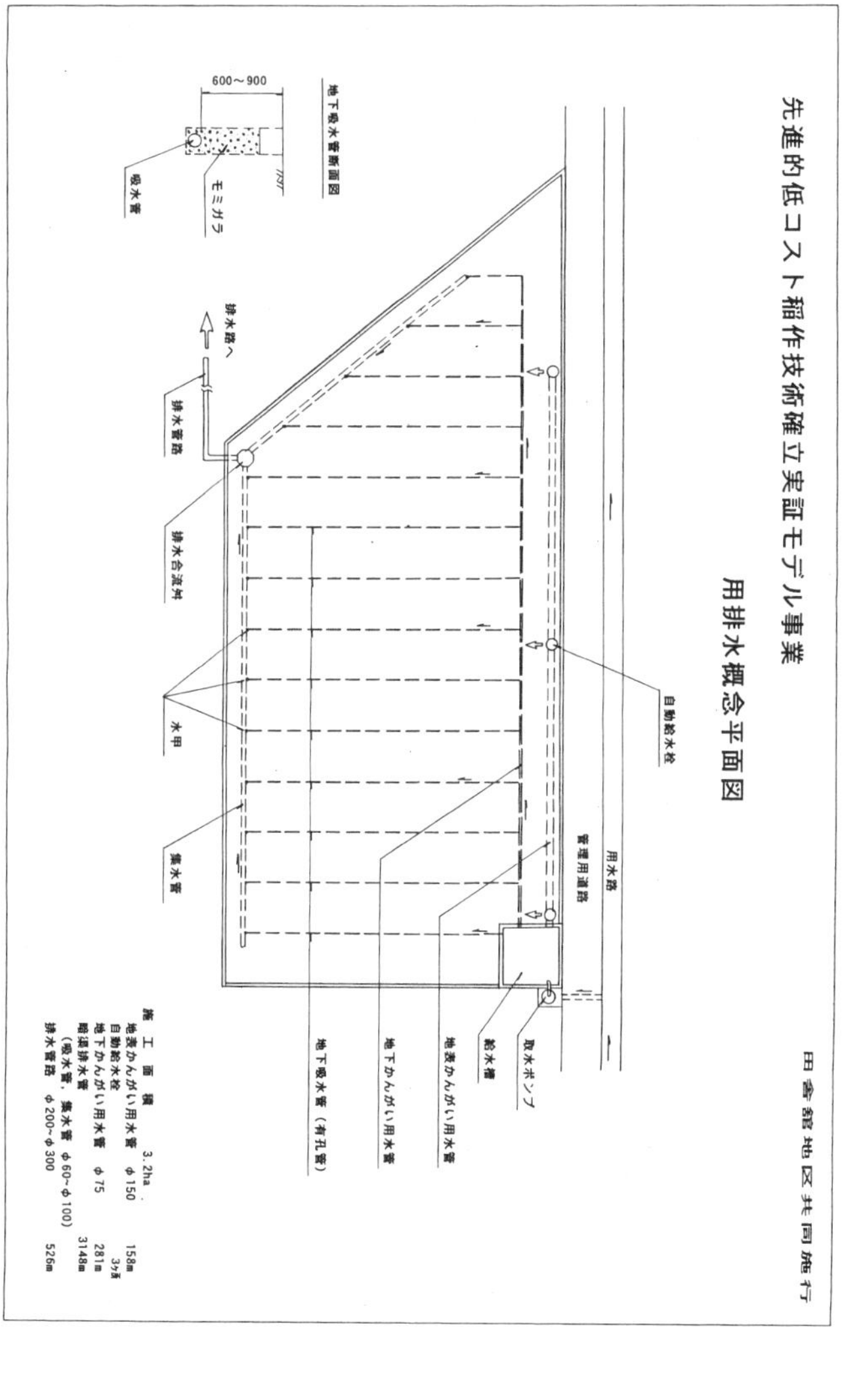
先進的低コスト稲作技術確立実証モデル事業
田舎舘地区共同施行
用排水概念平面図
自動給水栓
用水路
管理用道路
取水ポンプ
給水槽
地表かんがい用水管
地下かんがい用水管
地下吸水管（有孔管）
地下吸水管断面図
600～900
モミガラ
吸水管
排水路へ
排水管路
排水合流弁
水甲
集水管
施工面積 3.2ha
地表かんがい用水管 φ150 158m
自動給水栓 3ヶ所
地下かんがい用水管 φ75 281m
暗渠排水管 3148m
（吸水管，集水管 φ60～φ100）
排水管路 φ200～φ300 526m

高架橋の下に当たる弥生時代の水田遺構

「この地方のコメ作りの努力は、何と弥生中期、二〇〇〇年前にさかのぼる。水田はすでにこの時始まっていたのである」

⑥田舎館村歴史民俗資料館

垂柳遺跡水田遺構と弥生人の足跡／弥生時代の炭化状古米／近世にいたるまでの農具etc／中村喜時の「耕作噺」

（この地方で、古代から今日まで、米作りに研究工夫が重ねられ今日にいたっていることを資料で示す）

⑦田舎館村の家々

工藤司さんへのインタビュー

（村の協力、特に農地を借用するためにどんな説得をしたのか等々を訊く）

農地を貸したAさん語る／Bさん／Cさん

（各々が貸すことに踏みきった理由を簡潔に述べる）

⑧種の選別作業（四月上旬）

移動選別から塩水選別の作業

「今はこの塩水選別だけにたよっている。しかし繁殖力の強いモミの選別法はないものか……。それが実現すれば、生産は飛躍する。こうした面からも未来への夢が広がる」

⑨弘前大学　戸次教授の研究
工藤さん戸次教授を訪ねる／教授の実験内容　米の乾燥　遠赤外線の利用等
「研究から実現へ。田舎館生産者協会のメンバーは、科学的な研究に常に着眼し、生産の新しい展開に備えようとしている」

⑩三ヘクタールの田圃、種播き（四月下旬）
ヘリコプターによる種播き
「農地の広さ、一枚三ヘクタール。へ

刷り上がったダイレクトメールに目を通す

リコプターによる種播きは容易である。そして従来の代掻きの作業が必要ないのは、大きな労働量の削減となる」

⑪田舎館生産者協会（2）

日常業務のいくつか……

「こうした労働力の削減による効果は、販売システムの研究と業務にあてられる。各地からの反応……。こちらからのダイレクトメールの作成の作業。また、直送業務はコメだけでなくいろいろな作物にいたっていることがわかる」

⑫三ヘクタールの田圃、除草剤散布（五月中旬）

除草剤の散布作業

「除草剤の散布は年に一度で充分である。その理由は……。従来からみれば、それは農薬の大幅減少であり、また労働力の削減である（イナゴ多発の年のみ、もう一回秋に農薬が散布される）」

⑬田舎館生産者協会（3）

直送作業を中心にモンタージュ（季節を超えて年間の様々な直送イメージ。コメ、リンゴ、メロン、ジュース等、様々な品が出荷されていく）

「都市との結びつき、コミュニケーション。〈作る人〉の気持ちを〈食べる人〉に伝えたい。そのためには信頼の関係を結ぶ外に方法はありえない。確かな品を送ることだ！　直送の効果は大きい。直送は一日にして宅配されるのだから……」

⑭三ヘクタールの田圃、刈り取り（九月下旬～十月上旬）

刈り取りから出荷まで……

「約三〇〇俵の収穫。上質だ。二年続いた、広域一枚農法の成功。これは、実験段階を超えた一つの成功例として、一歩踏みだしたといえるのではないだろうか」

稲の刈り取り

⑮田舎館生産者協会（4）　秋深し
生産者協会メンバーの整米調査／日常業務の事務室
「直送される整米の品質。これこそが信頼の元である。生産者協会は、整米の調査やパッケージ調査等、様々な調査を厳密に行う」
⑯秋深い津軽の風景
津軽の晩秋の風景／三ヘクタール田圃は休んでいる
「企業の参入なしに、農家が自分の力で、自分の創意で、広域一枚農法を成功させた。これは、経営体としての可能性を指し示す一つの例なのである」
（おわり）

構成案は、すばらしい映画の出来上がりを予測させた。私も夢をふくらませた。

関係者は映写機、照明機器、録音等機材の一切を持ち込んでわが家に泊まり込み、朝早くから、あるいは夜遅くまでの撮影がつづけられた。工藤氏も陣頭指揮で指示を出し、フィルムもどんどん廻された。順調に進んでいるかに思われた。

だが、ここでも資金（製作費予算一、八〇〇万円）の問題にぶちあたるのである。申し込んである融資の見通しが依然としてたたないのだ。公庫の人間からすれば、そんなものに金を使うなど、とんでもなく非常識のことに思われたのかもしれない。映画の制作は融資を早めるどころか、結論の引き延ばしに作用してしまったようにすら思われる。資金がつづかなければ、撮影をつづけることもできない。残念ながらこの映画製作は、結局のところ三分の一ほど進行したところで頓挫するほかなくなった。

後に、青森に講演にきた花王石験の新製品開発本部の部長だった人がこの戦略の頓挫を惜しんで、自分だったらこの方法で絶対ものにしてみせると言ってくれたことがせめてもの慰めだった。

計画の大幅手直し

申請書はようやく提出の運びとなったのであるが、その先がまたもや糞詰まり状態との遭遇であった。

平成七年、年が明けてからも、私たちは幾度となく集まって試算をやり直し、計画を見直してはみたものの、さっぱり先に進む気配すら感じられなかった。

この年、二月の通常国会で、農業経営基盤強化促進法の一部を改正する法律が衆議院を通過した。そこで私たちは、改善計画の年度内実施を求めて県の担当者のところに相談にいった。だが、担当者は、従来、このような計画は八月までに県に提出し、討議検討して翌年度の実施になると頑強に否定する。思い悩む私たちは、つてを頼って農水省を訪ね、農産課の担当者と面談した。どうにかして今年中に実施してもらわなければ、借金の返済に支障を来すだけでなく、新しい設備の建設が遅れてしまい、商売が止まってしまう。そうした思いからの、止むに止まれぬ行動であった。

そこでの話は、思いがけず希望を抱かせるものだった。今年は予算案が予定より早く通過したので、今からでも十分間に合う。直ちに申請されたらよい、というのだ。文書課にも案内され、「農業経営基盤強化促進法」の一部を改正するという法律案を見せられ、コピーをくれた。細部については多少の手直しはあるが、ともかく県を通じ速やかに計画案とともに申請しろ、という話しだった。これまでの例からいうと、本省に直接言うことはタブーとされ、県側のいらぬ誤解を招き、その上の逆効果は地方の我々により不利益になることが考えられるという心配があった。そこで、このことについてはいっさい県庁には詰問しないでほしいと懇願したうえ、先に光明を見いだした思いで帰途についたのであった。

だが、残念ながらこれらのアドバイスは、やはり担当官のリップ・サービスにすぎなかったようだ。アドバイスに従って申請し直してみたが、県側は従前通りの対応の仕方を繰り返すのみである。納得のいかない私は、全国に名をはせた有名な青森県知事の弘前事務所に、事の顛末を書き添えて陳情した。しかし、ここでも県の担当者と全く同じようなオウム返しの返事が返ってくるだけだった。

これらの工作は、直接省庁に駆け込むなどもっての外と、県庁担当者の反感を買うことにしかならず、結局、平成七年の受付ということになり、平成八年の実施になった。しかも私たちが必要とする資金は翌九年の交付だという。使えると思っていた施設設備も同じだった。これで計画も目標も全てやり直しの状態になり、計画書を検討し直した結果、ミニライスセンターおよびこれに付帯する施設設備という、当初より大幅にダウンしたものとなってしまった。

三月には村長室において経営改善計画が法人として認定書を受け、二週間ほどで全体構想を含めた申請書を作成。速やかに実施できるよう村長宛に提出した。

このとき、社員全員で二度三度と話し合い、経営についても構想についても、一定の同意を得たと思われた。そこで、構想にもとづいて前進することとした。

その後、五月も半ばになって、ようやく計画書の検討会がもたれた。だが、県や村の担当者、ことに普及所の人たちはこれまでの経過や諸々の事情をほとんど知らないものだから、話はそもそもの発端からの繰り返しで、全く前に進まなかった。農業の実態を知らない多くの役人は、己の思考を本省の通達にそのまま沿わせようとするので、彼らがわれわれ農民の常識にのって考え対応するようになるまで、半年から一年もの時間がかかるのだ。それに振り回される百姓としてみれば、たまったものじゃない。何とも納得できない計画書の作成となり、心にシコリを残すこととなった。

七月になって、農協・役場・県農業会議の担当者らとともに計画事業についての協議が行われ、ミニライスセンターの建設について具体的に進行するメドがたち、七月中に結論を出すこととした。同時にS資金（短期の運転資金のことで毎年書き換える）一、五〇〇万円の件が問題となるが、なかなか結論に達しなかった。しかし、計画書を作成した前年の十一月からすでに八カ月にもなろうというのに、その可否すらメドもたたない状態である。こんなことでは経営の足を引っ張るだけで、減反問題ばかりでなく、さらに融資関係の規制に悩まされて、もう止めたいとの思いがつのる。日誌には「止められるなら止めたい。悩む。幻滅。」と記されている。

この夏に至って、このままでは秋からの収穫作業に支障をきたすということで、トラクターとコンバインをリースで導入することを役所も暗に認めた。しかし如何せんその他の状態が未整備のままでの机上計算でのことであり、メーカーとリース契約をしたものの、実態とは面積の違いなどもあり、さらに当座の資金がまったくないといっていい状況から、設備資金の借り入れと返済、さらに返済のための借り入れという悪循環が恒常的となる。それは最後にはサラ金からの高利の借り入れという末期的資金繰り状況にまで到達するのだが、平成十一年三月現在での「有限会社・田舎館生産者協会」の借金の状況を整理すると次頁の表のようなものであった。九月、農協および農業委員会に現在までの売上、経費等の明細を提出するよういわれる。また食糧事務所が法人栽培米の届けを要求してくる。これが行政指導という名のもとに行われる規制なのである。

農作業の合間をみては法人認定に関わる申請書の作成である。役所も農協営農の担当者も二度、三度加わった。転作作物には麦も入れたが、どう計算しても採算性は生まれそうもない。十月になると、ライスセンターの施工業者であるキセキ農機の担当者から設計上の概要説明があった。さらにこの頃になって役場からも設計、見積、概算などを訊いてきた。

役場の書類ができると、今度はいよいよ県庁審査である。翌月には県のヒヤリングも行われ、横想が過大だとか、中身の検討が十分でないなどと言われる。その度に次は来週、次は月末とか、三回も四回も県庁に通わされたのである。

以後、この月一杯関係者との打合せがつづき、何度も書き直しをさせられたあげく、何とか

借入一覧表

①借入金（単位は千円）

借入先・資金名	借入年月	借入金額	残　額
農林公庫資金	7年12月	9,300	9,300
〃	〃	6,500	6,500
〃	9年12月	84,200	84,200
〃	11年4月	17,910	17,910
農業振興資金	8年7月	6,000	6,000
〃	〃	19,240	19,240
〃	9年4月	6,000	6,000
〃	〃	5,330	5,330
スーパーS	8年1月	18,000	18,000
農業改良資金	8年7月	14,000	14,000
農村開発公社		9,750	5,133
青森県信用組合		3,000	3,000
〃	11年1月	17,000	16,715
セントラルファイナンス		3,000	0
みちのく銀行		10,000	1,700
〃8		7,000	5,168
ゆとりYOUローン		1,000	396
武富士ほか五社		2,450	2,458
（合計）		239,680	221,050

②未払い金（単位は千円）

未払先・件名	金額	備考
不動産取得税	752	8・9年分残
固定資産税	2,723	9・10年分残
農業共済	566	9・10年分
浅瀬石川土地改良区	512	9・10年分残
UCカード（コンピューター）	989	元利共
日立クレジット（積載車）	1,339	〃
オリエント（軽自動車）	171	〃
〃（ダンプカー）	0	返済完
〃（キュートソーラー）	186	元利共
あおぎんリース（色彩選別機）	1,412	〃
〃（精米機）	309	〃
神鋼車輛販売（フォークリフト）	702	〃
ヰセキクレジット（畦塗機）	537	〃
管電工業（工事費）	1,250	
加藤食用きのこ（菌）	176	
報酬未払分他	20,870	11年2月現在
（合計）	32,494	

①②の合計……………………………………………………253,544,000円

通ったのが平成七年も暮れのギリギリだった。しかし、内容は七年度からの計画ということで、まったく中味のないままの決算書を作らされる羽目になった。しかも、二重三重の担保融資。それが、法人経営は五億円まで、個人では一億五千万円まで融資援助する、という謳い文句の実態なのだ。

私なりに考えたことは、どんなに試算を繰り返しても、私を取り巻く村の環境では規模拡大といってもせいぜい二十ヘクタールくらいしか見込めない。この村に住む農民の意識は、私が考えるものとはあまりにも違っており、寄ってきて話を聞くなど考えもしないのだ。

かつて武田邦太郎氏は「これまでの私の三十年五十年の努力は政治を動かすための世論形成運動でした。いつこれが実現するかを決定する最大の要因は歴史の展開そのものです」と語った。たしかにそうなのだろう。しかし動かしがたい現実が厳然と横たわっている歴史の真っ只中では、われわれの出る幕などないのではなかろうか、という気がする。

減反抗告書の提出

平成八年も、不安のうちに明けた。

年明け早々の一月五日、役場から呼び出され、捺印違いとかで書類不備のため再度提出しろと言ってきた。これは行政の常套手段で、今日はこれまでとか、資料不足ゆえ準備してこいとか、土日を避けて来週にとか、計画が過大ゆえ縮小の必要ありとか、もう一回検討の必要がある、といったことの繰り返しなのだ。彼らには農業経営の経験はまったくないのに、自分たちに選択権があるという傲慢と、上層部から叱られることのないようにとの心配だけは、有り余るほどもっている。だから世情に疎く、唯々諾々と言われるままに動いてくれる農民であることが、彼らにとって最も都合のいいことなのだ。だが、その彼らのほとんどは、農家の出身である。

一月の十一日には、早朝、県ヒヤリングのため猛吹雪の中を青森へと出かけ、それは午後二時まで延々とつづいた。また、この月末には規模拡大の件で農林事務所の林務課を尋ねたが、法人事業との相互関係が判断できないゆえ本庁と協議のうえで、と言われ、ほとんど見込みうすと思わされる。さらに三月の県のヒヤリングでは、推肥場の大きさを縮小せよとクレームがつけられた。

一方、平成八年になって、国は米の自由化に対して本格的にミニマムアクセス対応（最低輸入量を決めるという交渉）をすることを明文化し、ウルグアイランドが発効するまでの減反政策を法制化した。しかし、一律三割減反ということになっては、私の改善計画は水泡に帰す。やむにやまれず、三月十六日には上京し、「減反割り当てに抗告する」なる抗告書をこの日付けで大原農水大臣宛てに提出した。読売新聞の秋山記者も同行した。

抗告書の内容は次のようなもので、農水省の記者クラブで発表された。

抗　告　書（減反割り当てに抗告する）

平成八年度産コメ生産にかかわる減反割当について政府及びこれを受け入れた全農に対して抗告書をもって訴えるものである。

農業は過去においては、生かさず、殺さずという代名詞にされ今日に至っている。考えてみると、それは今日尚続いていると思われてならない。

誰とか彼とかの責任を問う術もなく、世界経済の中で右往左往の程を免れないでいるのが、今の日本農業の現状である。

農業基本法が施行されて以来十年（三十五年）を経て今日までその基本法が目途とする施策はその効果を現していない、それ以上ガットウルグアイランドによる合意によっても世界的には量不足といわれながら国内的には米あまりの状況におかれ、あまねく減反を強要される羽目に立ち至っている。この状況を打開する道は全て、吾が国の圃場整備の如何によるものであり、今後ミニマムアクセスが解禁されるまでの間、一刻も早くその変革がなされ、世界に通用する農業たりうることに全力を傾注しなければならない。特に農業者である我々の責任は、極めて大きく重大である。

具体的には、先ず水田を対象に考えれば、全額国費をもって田畑転換が自由になる圃場整備を速やかに完成させる。高度な経営能力を持つものの育成とこれを阻害している全ての規制を撤廃する。根本的な変革が実現できることによって、より多くの若者たちが喜んで農業に取り組めることになろう。

今後六年間の輸入量は年平均一一三、〇〇〇ヘク以上の減反をしなければならない問題が厳然として存在します。しかし今は簡単に減反できる圃場はない。田畑転換が可能な圃場であれば私達はこれに協力し、より高度な技術を駆使し、例えば牧草との輪作による無肥料栽培も可能になります。

コメだけではありません。どんな作目に取り組む場合でも、この国際問題がついて回ります。価格を展望し、規模拡大、高品質、低コストと農業者一人当り生産能力が大きな課題となります。今日まで如何なる政治も政治家もこの問題は避けて通ってきました。今、われわれは折角、新法による経営改善に取り組もうとしてもこの減反は大きな障害となり、更に経営を圧迫します。直ちに単純な減反を取りやめることを申し入れすることを抗告するものである。

私は必死にあがいたが、農家農民のための団体である全農は、なんの反論もなく減反政策を受け入れ、逆に政府助成金を陳情するばかりだった。

四月になって施設建設予定地の造成に着手、十九日には農機舎の柱立てが完了する。

一方、減反未達成のため、経営改善の諸事業は中断もしくは遅滞をやむなくさせられる。資金関係でも協議のし直しの文書が送られて来た。行政は減反問題を持ち出して農家の経営を圧迫することに懸命

農水省前で抗告書を手に

になっている、そんな気さえしてきた。むしろそれが彼らの主たる業務であって、農業経営などどうでもよいと思っているのではないか、などとやりきれない思いにとらわれて落ち込むばかりだった。

結局、六月には減反問題で村長に電話し、町村負担分の一五〇万円を当方で負担することでおさめることとなった。

また、同じ六月、清水建設の担当者と福島県相馬市の新地グリーンファームに、トマトをガラス栽培しているのを見学にいった。これも打開策を求めての懸命のもがきである。

ガラスハウスのトマト栽培

この年の秋にライスセンターとその他の設備が完成し、ただちに引き渡しということに書類上はなっていた。それまでの二年間の機械器具の借り受け、資金の前倒し利用は全て借金である。しかし入ってきた金は当座の支払いに当てられ、借金の返済は遅れた。まさに初めから自転車操業であった。これら余分な仕事に精力を使いはたし、販路拡大どころではなかった。

しかし、なんとかして売上を伸ばさなくてはならない。とはいえ、私たちにはどうしようもない限界があった。自分で作ったものを自分で売るという発想は、ごく当り前のことであるが、商売となればそんな簡単なことではなくなるのだ。製造原価（費用）まで在庫しておくわけにはいかないのである。といって、一挙に売ってしまえば原価分は取り返せるが、それをやってしまうと売るものがなくなってしまい、原料のコメを他から買い求めなければならなくなる。そして、それを繰り返せる資金力が問題になる。勢い自転車操業に落ち入ることになってしまうのだ。

どれほどの利潤があればそれを回避できるのか。農業経営について、どれだけの規模、どれだけの資金が必要か、その見極めが誰にもないのが実状であった。政府系の金融機関もアドバイスどころではなく、自分の立場を守るのに必死なのだ。

それで、何とかする方法がないものかと悩んだあげく、米の専業には限界があるから周年栽培して販売できるもので規模を拡大し、経営の安定化をはかるという永田農業研究所のやり方に習うことにした。ちょうど、三・二ヘクタール造成の業者が次の造成プランのことで時々出入りしており、いろいろな話題のなかでガラスハウスのトマト栽培の話が出た。大手ゼネコンの清水建設の仙台営業所で津軽が担当の人だったが、話が弾み、具体化することとなった。仙台支店とも打合せて、事を進展させようということになり、検討が始められた。

これは永田農業研究所が考え出した植物の極限栽培法だった。「環境にやさしい健康で美味しい野菜作り」を標榜する同研究所は、農産物自由化など国際競争の激化に耐えうる農業の確立を図るためには、農業法人による競争力のある大型ガラス温室の建設と、それによって環境保全・持続型農業を実現することが必要と説き、以下の提案をしている。これは、国連大学が推進している「ゼロ・エミッション計画」にも沿うもので、廃棄物ゼロの社会を目指す運動の一環でもある。

①大型ガラス温室の建設――一〇《ヘクタール》単位の大型ガラス温室を建設し高付加価値農産物を経済的な流通規模で生産供給する。

②永田農法――減農薬・少肥料農薬による安全で高品質な作物を作り生産性向上に寄与することを図る。

さらに、肥料としては、選別された動物（人間も含む）の糞尿や野菜くずなどの生ゴミを一緒にして嫌気性発酵させ、窒素成分を含む残留液からとれた「液肥」を用いる。メタンを除去した「液肥」は根を傷めず、味を美味しくし、色も美しくしてくれるという。同研究所の作成したパンフレットには、次頁に掲載した説明図が付されていた。（次頁の図参照）

私は数年前から、武田新農政研究所の紹介で同研究所の知遇を得ていたので、話の進展も早

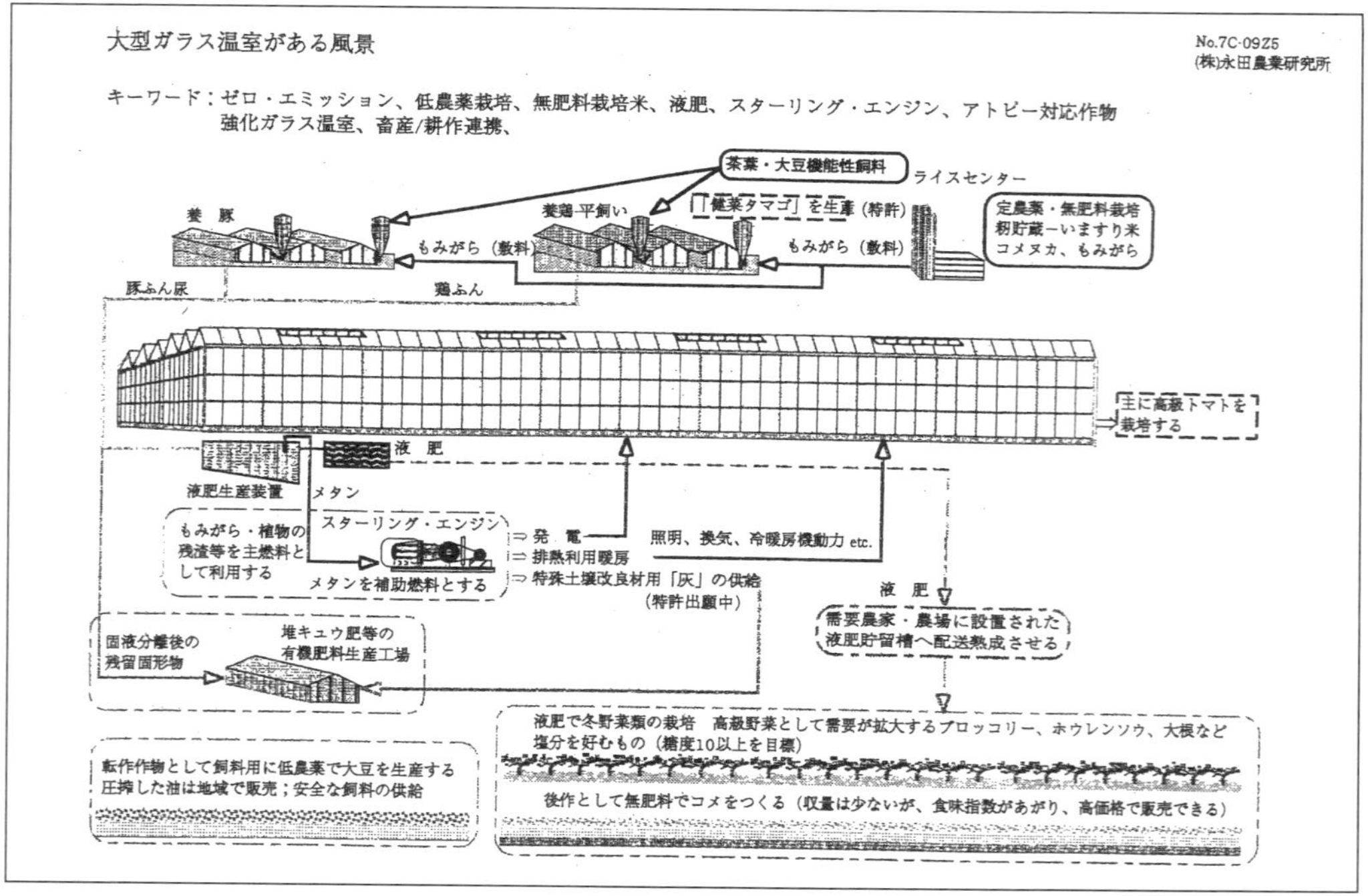
大型ガラス温室がある風景
No.7C-09Z5
(株)永田農業研究所
キーワード：ゼロ・エミッション、低農薬栽培、無肥料栽培米、液肥、スターリング・エンジン、アトピー対応作物
強化ガラス温室、畜産/耕作連携、
茶葉・大豆機能性飼料
ライスセンター
養豚
養鶏-平飼い
「健菜タマゴ」を生産（特許）
定農薬・無肥料栽培
籾貯蔵－いますり米
コメヌカ、もみがら
もみがら（敷料）
もみがら（敷料）
豚ふん尿
鶏ふん
主に高級トマトを
栽培する
液肥
液肥生産装置
メタン
スターリング・エンジン
もみがら・植物の
残渣等を主燃料と
して利用する
メタンを補助燃料とする
⇒ 発電
⇒ 排熱利用暖房
⇒ 特殊土壌改良材用「灰」の供給
（特許出願中）
照明、換気、冷暖房機動力 etc.
液肥
需要農家・農場に設置された
液肥貯留槽へ配送熟成させる
固液分離後の
残留固形物
堆キュウ肥等の
有機肥料生産工場
液肥で冬野菜類の栽培　高級野菜として需要が拡大するブロッコリー、ホウレンソウ、大根など
塩分を好むもの（糖度10以上を目標）
後作として無肥料でコメをつくる（収量は少ないが、食味指数があがり、高価格で販売できる）
転作作物として飼料用に低農薬で大豆を生産する
圧搾した油は地域で販売；安全な飼料の供給

かった。すでに福島県新地町にはこうしたガラスハウスが設置されており、私も何回か見学し説明も聞いていた。永田農業研究所から来た所員の手で現地調査が行われ、岩木山東から西の屏風山砂丘地の自然条件についてデータなどを収集し、設置の可能性を検討した。結論として車力村の海岸砂丘地が適地とされた。県庁ＯＢの元畑作園芸課長も加わり、車力村村長ほか関係者も含めて説明会を開いた。しかし従来の農法観念が先にたって話を聞くものだから要を得ない。福島の現地を見てからということになった。

一方、清水建設も仙台を中心に東京本社から農学博士のエンジニアリング部長もやってきた。海外の営業支店からも資材関係の情報を集める。私も何度か本社に呼ばれて説明と打合せを繰り返した。そのための資料も揃え、あとは本社の決済だけというまでになった。

事業費総額が八億円（半額は国庫補助）という計画で、福島県新地の実績によれば三年にして借入金の返済が可能だという。はたしてこの青森県ではどうか、これまでのことを考えると不安でならなかったが、ほかに方法がない。

米の減反政策の穴埋め的に多角的複合経営の名で奨励されたトマト栽培（露地栽培という）であるが、田畑転換が容易ではない田んぼにトマトの栽培をやるというのは、常識を越えるほど過酷な労働を強いられることになる。採取、そして選果、箱詰めと、寝る間もない作業のすえに夏秋トマトと称して半熟のまま出荷するのだが、市場価格は不安定そのものなのだ。その状態は今も続いているが、国外産の輸入によって、さらに不安定な様相を呈している。自分たちが推奨したことで農家の収益性が増したなどと自賛する県庁役人は、その実態など想像しようともしない。

永田方式はＴＢＳテレビの特集番組でも紹介されたが、植物の作用を極限まで抑制して原産地に近い条件にして育てるというもので、野菜というよりも果物といえるほどの甘さと感触を生み出す。しかも、生産から流通供給まで一体化して行うことができる。この条件に適する場所が近くにあるというのだから、これを見逃す手はない。どんな方法をとってでも実現させたいと思った。

それにわがライスセンターから排出される籾がらも米糠も全て有効利用できる。そしてこれらを一体のものとして運営できれば、赤字続きの状態から数年後には脱却できる、そう確信した。これで私も年来の不眠症から解放されると思ったのだが……。

（だが、その期待も、結局は裏切られる。その後しばらくしてトマトハウスの建設を依頼した清水建設から、ゼネコン汚職の渦中に置かれるという社内事情から辞退する、という連絡。計画は幻に終わった）

遅れに遅れたライスセンターの完成

トマト栽培の話はさておき、ライスセンターのことですでに数回の検討会が開かれていた。検討会には、農協、役場、普及所、県の出先機関等の関係者が集まり、しばしば会議は踊るの感があった。過剰投資の指摘もなされたが、結局は、農協が主体となってその計画性を発揮し、従来の計画を進歩させるという条件付きで認められることとなった。

私にとってヒヤリングの内容はひどく不満なものであったが、やむなく了承せざるをえなかった。当初の計画は大幅に遅れ、トラクター、コンバインといった耕起・田植え・刈り取りの機械はリース使用することとなった。また精米の施設等は個人の借入でまかなうこととなった。農政局との話し合いがついたことで、六月にようやく実施設計となり、基本的には七月入札、八月着工、九月末完成という段取りとなった。七月末にはテスト杭打ちが開始され、八月七日には県および村役場の担当者・業者・施主で第一回の工程打合せ会議が行われた。ようやく計画が現実のものになるかと、つかの間ほっとした気分を味わった。

また、この数日後、永田農業研究所よりガラスハウス建設の件で担当者が現地調査にやってきた。建設の候補地として、岩木山麓・鶴田地区・木造村・車力村などを調査した結果、岩木山麓と鶴田は不適地となった。その後、所長の永田さんからガラスハウス用地として十三の砂山を活用すべきとアドバイスをもらい、またシャドーハウスを作って十万羽のたまご用養鶏を推奨された。その助言にしたがって、ここから本格的にその可能性に向かって行動を開始することになる。私たちの経営改善計画も安定方向に向かうのではないかと思われた。

だが、ライスセンターの建設には開始早々暗雲がたれ込めてくる。貯溜ビンの組み立てが始まると、全て亜鉛引きのはずが一部にシルバー塗装があったりして、耐久性に疑問が生じるありさま。さらに鉄骨材の入手難により工期遅れが心配となる。結局、八月中の着工はできなかった。

九月に入って、県・農林事務所・役場によるライスセンター工事の中間検査が行われた結果、建築と器械の設置が遅れているが、工期の延長は原則として認めない。多少の遅れはその責めを問わないと言われた。また、施工業者のヰセキ農機が、施主の私が機械部分に注文が多く、費用がかかり過ぎると県側に異議を申し立てたとも聞かされた。

九月半ばになっても依然工事は進まず、刈り取った籾はどうなる、という心配が頭を離れない。

それでも七日には鉄骨がおよそ立ち上がり、床のコンクリート打ちも始まるが、その後も工事は依然として順調に進まなかった。完成予定日の三十日になっても竣工せず、十月三日の工程会議では五日までに全面完成のこととの厳重注意。さらに翌日、明日完成の見通しという段になって、荷受部に電動ホイスト（モーターによる巻き上げ機）を取り付けることは、まかりならぬという連絡がきた。

コンバインで刈り取った稲は籾にされ、三十キロぐらいずつ袋に詰められる。その籾を乾燥調整用の機械に移すとき、機械がひとつひとつの袋から荷受ピット（投入口）に入れる旧式の場合は、荷受けのための待ち時間はかなり長いものとなる。一日中長蛇の列がつづく風景は、刈り入れの秋の風物詩といってもいいほどだ。

こうした無駄を解消するには、籾を袋に詰めずトラックの荷台に木枠を張ったなかに入れ、荷受口のところでこのトラックを機械でつり上げ傾けてやると、二トンもの籾が一挙に乾燥調整機のなかに流し込まれる。このつり上げ機が電動ホイストである。

だが、役所はこの電動ホイストは初めの設計には入れられていないから、取り付けはまかりならぬ、という。なんという硬直した発想だ。私がその必要性をこんこんと説いても、県側は頑強に反対し、拒みつづけるのである。それでも私が八方手を廻し、何とか容認した形にもっていったが、県としては最後まで公式に容認はせず、万が一事故が起きても勝手にやった当事者の責任において処理する、という言質をとってようやく収まった。

おそらくこうした事態は、全国いたるところで起こっているにちがいない。アメリカなどでは、取り入れた籾を大きな容れものに入れ、瞬時に荷受ピットに納めるというのは、当たり前のこととなっている。そうしなければ時間的ロスが多すぎて、規模の大きな農場生産に対応できないのだ。規模の拡大を喧伝する役人たちが、本気では規模拡大など考えていないことの表れといってもいいのだろう。

電動ホイスト騒ぎがようやく決着したころ、周囲の田んぼではすでに稲刈りがはじまっていた。しかしようやっと取り付けた電動ホイストのテストをしてみたところ、各部分に不備がみつかり、思うようにいかない。すったもんだのあげく、ようやくテスト操業を開始し、少しずつ運用を進めることとなった。しかし初期の目的にはまったく達しない状況だった。いちおう形は仕上がっているのだが、まだまだ使い物になる状態ではなかった。

その一方で、刈り取り計画が大幅に狂い、受注した顧客への出荷は不可能となった。結局、他への転用をお願いすることとなり、入金の予定がだめになって、経営に多大な支障をきたすはめになる。まさに踏んだり蹴ったりのありさまだった。

だが、こんな状態で足踏みしているわけにはいかない。ライスセンターをめぐるごたごたや、遅れに遅れた稲刈りでじりじりしながらも、時間をみてガラスハウス建設予定地の車力村へ出かけ、助役や担当課長との面談を繰り返した。

こうしたなかで、共同経営者である他の二人と間には、もともと存在した改革の意志の温度差が露わになり、徐々に溝が生じてきてもいた。彼らには会社という意識が希薄であることが、いよいよはっきりしてきたようであった。

計画がスタートしてから三年。まずは書類上の遅れが着工の遅れにつながり、さらに工事の遅れが重なって予定の使用時期には間に合わない。それのみならず関係資金融資の実行も遅れ、そのため先行投資分一、七〇〇万円の返済のメドも立たず、さらにリース料支払いは前倒しとなり、加えて減反規制の百％達成がならないため補助金の支給が遅れ、予約金がカットされるなどといった、資金的にも最悪の状態にあった。

一方、資金繰りはお先真っ暗という状態だが、とにかく当座の金をひねりださなければならない。やむにやまれず、在庫しておかなければならないコメを一時処分し資金繰りにあてることとした。このとき一俵一七、五〇〇円で二百俵処分したが、三五〇万円にしかならない。焼け石に水である。

この年も終わろうとする十二月二四日の日誌には「まさに有為転変の如し、如何ともならず」と記されている。この秋から初冬の日誌の記事はほとんど農業施設設備工事関係のものであるが、このほか卓上日誌のメモも加えて、膨大な悔恨の綴りである。

ほとんどゼロに近い財力で、株主三人が知恵を絞り合っても、浮かんでくる有効な手だてはほとんどなかった。日常の費用もままならず、個人によるサラ金融資も底をつき、日々の返済に追われるばかりだった。三人寄っても文殊の知恵どころではない。個々の家庭と自分の仕事の多忙さに話しあう時間もろくに取れない始末。設立まではいろいろと知恵を貸してくれた人も、この期に及んでは如何ともし難いようすで、孤立無援の感はどうしようもなく深まっていった。

瀕死状態の会社を何とかしたい、起死回生を計りたいとの焦りにからめ取られていたこの頃、私の遠戚にあたる大鰐町の町会議員から同窓生の小田桐寿一なる人物を紹介され、会社の再生方法を話し合うようになった。だが、この小田桐、相当の食わせ物だった。

破綻前のもがき、そして破産手続き

平成九年になって、ようやくライスセンターは本格操業を始めた。だが、借り受けたいくつかの資金のうち、据え置き期間が過ぎるものが出てくる。私を含めて三人の社員は全て無報酬。それでも、ダイレクトメールを送り続けなければならないのだから、ますます泥沼にはまるばかりである。日誌には一月二日「愛別離苦、悪戦苦闘、その前哨戦か」、同一三日「経営続行不能状態、責任は我のみにあり」、二月一一日「識るもの、語るもの、教示するものなし。暗然」などと記してある。

当時、抱え切れない不安と不満は一部のマスコミにも取りあげられ、これが世に注目されれば少しは日本農政も変革に向かうかなどと淡い期待を抱いたが、実態はむしろ逆の方向に進んだだけだった。農水省の理念の空転だけが「規模拡大の呪縛」となって残されたのである。官僚の描く農政は零細兼業農家をそのままにし、理念だけを押しつけているといってもよい。だから空転してしまい、おしなべて全農家の代表機関（全農）にのみ利益が還元され、真面目に規模拡大を志しても、莫大な借金だけが残るということなのだ。

三月、経営難の実情を公庫等に説明し追加融資を申し入れたところ、四月には融資可能という見通しだった。だが、村の農業委員会から異論が出されて後退し、再審査ということになり、結局、二カ月の遅れとなった。

この頃からは毎日が資金繰りのことで、その日その日のことについても頭の中は霞がかかったような状態で、日誌には何も書かれないことが多かった。書かれていても「無為」とだけである。

六月末、二人の弁護士を訪ねて上京し、破産手続きをとるか、それとも解散するかについて打合せるが結論が出ず、結局、成り行きに任せた末に破綻、という方法をとることとなった。それでも、これで「規模拡大経営改善の呪縛」から逃れられると単純に思い、この後の対応をどうすべきかと考えはじめたのであった。

この頃になると、米関係の商社や卸売業者などに知られるところとなり、出来秋の作柄、集荷能力などについての問い合わせが頻繁に寄せられるようになった。ブローカーまがいも数多かった。そんなにっちもさっちもいかない事態のなか、ありとあらゆる伝を頼り、必死の思いでできるかぎりの方法を試みたが、思い出すだに背筋に寒さを覚えることばかりだった。

そうしたなか、設備が新しいうちに私以外の二人の社員ぐるみで経営委譲できればと思い、紹介する人があって青森市で著名なN米穀と合った。市議も兼ねるこの人物は、多忙のなか折衝を重ね、具体的な現状分析もしてくれた。だが、喉から手の出るようなこちらの状況を見透かされてか、厳しすぎる条件をつきつけられ、決裂に終わった。

その間、例の小田桐氏の工作も急速に進展を見せているかのような情報も伝えられた。彼は疲弊する大鰐町の再生を目論む一派との接触もあり、その中からの情報が信憑性があるようにも思える部分があり、勢い彼との接触を強めていく結果になった。就中、十数年来懇意にしている永田農業研究所との関係での話が持ち出されたりして、性急に解決の方向ばかり考えて夜も眠れぬ日々の私にとっては、欣喜雀躍の感がしないでもなかった。

小田桐氏はこの頃、しきりに永田町界隈との話を持ち出したり、陰に陽に己の独断で進展解決が可能であるかのように匂わせてきたが、これが彼一流の詐欺的才気だったのである。このほかにも、元全学連の藤本敏夫とか参議院議員中村淳夫の話もまことしやかに語る。しかし彼の経歴からして納得できないことが多過ぎるので、調べてみたらほとんどデタラメな話だった。その後、国の政策で保証協会を保証する特別枠の貸付問題に絡んでの工作を打診してくるようになったが、もはや信用する気にもならなかった。

この頃、山形、宮城、青森三県の提携で新しい原料供給基地を作ればという話がもちかけられ、先見性があるようにも思われた。しかし、減反と低米価にたいする不安、それに資金的なメドをつける時間もなく、その日その日の対応に追われるばかりで、結局どうすることもできなかった。

平成九年はもはや破綻状態に足を踏み入れた年であった。やりくり算段もならず、徒らに返済に追われる毎日。十二月には、販路拡大も思うにまかせず、生産の拡大にも行きづまり、生産した米は原米のまま関係業者に売却して当座の運転資金とする以外に方法がなくなっていた。もはや経営の成り立たない状況になっていた。

十二月二八日の日誌には「凶が次第に近づきつつあるのを実感しながら、法人特融を期待するばかり。なす術なし」、同じく三一日の日記には「すべてが無為に等しいのか、私の考えることが世に反することが多いためか、そのいずれにも当てはまるのだろう。この五十年近いものは、何によって今日になったのかを考えるとき、それほどにまでに世に背反してきたつもりはないものの、そのすべてが無為無駄に終わろうとしているのも事実であった。多くの知友を持ちながら誰にも分かってもらえないというのは、私に人間失格的な部分が余りにも多すぎるのであろう。今、最も信頼しなければならない人をも結果においては路頭に迷わしめる結果になりつつある。万死をもってしても償い切れるものではない。妻子らは詮ない縁であったと考えてもらうよりしかたない。何の手段もないまま後事を託せるものでもなし、まさに八方塞がりの今をどう打開すべきか、その対策も対応も九牛の一毛すらないと思われてならない」と記してある。

平成十年には、他の二人の社員との溝も決定的なものとなっていた。彼らは失敗の原因のひとつとして、私の生半可な知識のため一般の農家の人びとを納得させるどころか、かえって不安な気持ちさせている、それが生産規模の拡大、販路の拡大の妨げになっているのではないか、と私をなじった。

その言を突きつけられて、返す言葉もなく、私は代表を辞することにした。そして、次のような文書を顧客宛に送った。

突然お便りいたします。昨年七月以来、当協会の経営が破綻状態になり一部在庫すべき在庫米も止むなく原米のまま卸屋さんに売却し一時しのぎをしました。しかし数年来蓄積されている経営状況をもち直すことはできず、東北各地の同質のお米を借り受け、皆様に供給を続けて参りました。

言訳けになりますが、当初計画案と国がこれを認めて呉れるまで二年間の遅れが最大の原因でした。少しばかりの資本金ではどうにもならないのが農業を経営するむずかしさです。全国一律の減反、米をつくるなというばかりの行政指導は、どんなに規模拡大しても利益にはつながらないのです。

今後更に東北各地の同志達と相談をしまして不変な供給に努力いたしたいと考えております。（後略）

その後、我が家を資産の凍結から救うためには、自分が破産の申し立てをする以外に方法がないという結論になり、そのため次のような要項で経緯を認めた陳述書を裁判所に提出した。

①平成四年四月、産地直販米の売り込み開始。
②農業新法により会社組織にという薦めもあり、その計画書を作成、平成六年十二月で有限会社設立に参加。
③当初計画の資金が予定通り確保できず、当座の運転資金を工面するため、代表者という立場上、自分の可能な範囲で借りられる相手は個人借入で補うこととなり、これを充当した（一、五〇〇万円）。
④さらに報酬等皆無状態が続いたため、これに充てる必要もあり、家庭的にも自転車操業状況にあり、加えてサラ金、あるいはローンによる借入が続いてきたものである（別紙債権先はほとんど会社の当座運転資金及び生活費としたものである）。
⑤平成六年に至り会社は有限会社にすることが農水省に認定され、これをもって改善計画を申請。新しく設備、施設等を充実させることによって、展望が変わるものと判断した。しかし七年に至るもこれらの許認可がなく徒に経営を圧迫、個人名義の借財が増えた。

⑥平成十年に至って政府系資金の償還時期に入り、赤字経営を増幅することとなり、可能な限りの手当を研究しこれに充当することとしたが、個人による借り入れには限界があり、これをカバーするには能わないと気がつくようになり、さらには個人としての年齢的限界を感じ、経営代表を退くこととした。したがって、自己資産の処分を借財の一部に充てることとし、さらに不足部分も続行が限界となり、今日まで会社に立て替えた部分も個人名で処理する外なく、自己破産を決意したのであった。

武田邦太郎氏の私信

私が農業経営に破綻したことを武田氏に知らせたところ、その返信として次のような書簡が送られてきた。

農政改革、永久平和の叫びをたやすまいと念じており、永久平和の暁が明け染めるのがあと十五年、農政の暗黒に輝きが見え始めるのはその数年前と信じております。最後の完成が成就するための尊い一歩一歩であると信じております。

このような歴史展望が明確な歴史法則、経済法則にもとづくものであることはご承知のとおりであります。極めて近い農村、農業の動態を見ますと（平成十一年一月）男子農業者数一二五万三、〇〇〇人、うち六〇才以上は八三万五〇〇〇（六六・六％）、三〇才未満層を後継者とすれば二万七、六〇〇人（農家一一七戸に一人）、後継者一人当り一七六ヘクタールの耕地が存在する。誰がみても農業構造の基本的崩壊は決定的であります。

青森県においても、農業者数三万五、六〇〇人、うち六〇才以上一万九、六〇〇人（五五％）、後継者八〇〇人（農家九二戸に一人）。後継者一人当り二〇五ヘクタールの耕地が存在する状況になっております。

このような農業構造の崩壊してゆく状況で、穀物の自給率は十七・三％（平成十年度）、とても新基本法の目指す食料自給率の向上を達成できるとは思えません。このような農業を再建する方途、農産物の輸入価格と競争しながら二次・三次産業と均衡する従事者所得及び経営利益を確保しうる営農規模拡大、即ち農地制度の改革以外にありませんし、これを実現するための諸条件は成熟し過ぎるほど成熟しております。このための農地基盤整備の予算はこれまでの五〇～六〇％でできるのであり、営農規模が計画通り、二毛作地帯下三〇ヘクタール、単作地帯下で五〇ヘクタール、北海道北部のような自然条件に恵まれない地方では七〇ヘクタール程度まで拡大されれば、補助金政策は不要になります。農業の再建は破産状況にある財政再建の有力な一支柱に成り得ることも、ご承知のとおりでありましょう。

それで、例えば庄内地方、津軽地方など、将来の基本的地方自治体の単位と成り得る地方を単位として新農業、農村の骨格を設計することを、これからの農業政策の基本原則としてゆかなければならないし、平成十二年（二〇〇〇年）は五年に一度行われる「世界農業コンセンサス」の年、日本でも勿論市町村、集落に至るまで精確な現地調査が行われたことになっています。従って、この二〇年間にわたる、農村、農業の崩壊状況が五年毎にどのように進んできたかが明確に示されている。このことに着目している者は数少ない。いるとすれは、かつての新農政関係だけである。一日も早くこれを可能にできる市町村だけでも有志の手で明らかにしよう、しなければならないと強く呼びかけるものである。より多くの心有る農業者の賛同参画を求めるものであります。

平成七年からの三年間はまさに焦慮、失望感の日々だったが、平成八年から参加した青森県農業会議のなかの稲作経営者会議でも、全国農業経営者会議でも、目新しい議論や討論には出会うことはなかった。今にして思えば、そのいずれも農水省の管轄下にある団体・組織なのだから、変える発想は望むべくもなかったのだろう。

第Ⅳ部　崩壊する日本農業

このような経緯で、日本の米作の将来を見据えての私の大農場経営計画は水泡に帰したのであるが、私の悪戦苦闘につきあい、担保になった自分名義の土地を差し押さえられた息子に、ことの顛末を整理した次のような手紙を書いた。

「言い訳にしかならないかもしれませんが、今までの経過をのべます。

平成四年から日本の米の将来に思いをいたすようになり、産地直送という方法で関東・関西にダイレクトメールを出すことを始めました。これは行政から非難を受け大変でした。その後、ウルグアイランドを前提として米が安くなり減反が強要されるようになりました。平成六年、新農政プランなるものが発表になり、少しは前進できるかと思われました。いち早く耕作面積を拡大して経営を安定させる計画をすすめることとしました。私の説明をきいて他の二人が賛成してくれたので、私が主導して考えを進めることになり、計画書を作成し役場を通じ県に申請しましたが、県は計画通りにはとり合ってくれませんでした。計画はどんどん縮小し、ミニライスセンターのみが審査の対象になりました。

平成六年に至り、有限会社として農業をやるならば五億円の資金を国が融資してくれるというキャッチフレーズにのることとしました。しかし、計画は減少され当初計画より約半分のものが許可されることとなり、計画書を作成。平成八年に至りようやく国の認可が出されてミニライスセンターは完成しました。その時までの二年間はすべての経費を自分で都合しました。しかし計画書では村と県農業会議所（農協）が中心となっています。また三年に一度は休耕という国の指示で、当初の計画の三の一しか収入がないということにもなりました。設備投資は約二億円になり、そのうち八、四〇〇万円が国の機関からの融資です。したがって、資産（建物設備）は約二億〜二・五億円であり、債務超過にはなっていないのです。ですが国（公庫）の窓口である農協関係は返却を迫ってきます。

いったい、OKを出した国の行政指導者とは何だったのか、三年に一回は耕作しないということでは経営がなりたち得ないことを知りつつ、敢えて取り立てを強要しているのです。今はせめて君の分の担保を解除してもらい借財の一部にあてたいとの思いで一杯です。よく判らないかと思いますが、これは日本の農業破壊の前ぶれですから、どうしようもないと思うしかないのです。」

まさに「どうしようもない」の一語なのだが、事後に私の悪戦苦闘の軌跡を振り返るとき、そこには日本農業が直面す崩壊の一歩手前という事態が反映しているように思われてならない。そのことをより多くの人に訴えたいとの思いから、いま一度私の行動の軌跡を振り返りつつ、日本農業が直面する絶望的状況を考えてみたい。

貧困な近代日本の農政

日本の男子の農業人口は、平成十一年の時点で一、二五三、〇〇〇人である（現在はずっと少なくなっているだろう）。そして、そのうち六十歳以上の人間が八五三、〇〇〇人で全体の六六％を占める。それに対して三十歳未満の人間は二七、六〇〇人。農家一一七戸に一人の割合である。日本ではかなり以前から三チャン農業と言われ、ほとんどの農家が農業専業では食っていけず、また深刻な後継者不足に直面していることを多くの人が知っている。だがこの数字を示されれば、だれもが改めて愕然とするにちがいない。

さらに平成十年度の日本の穀物自給率は一七・三％であった。ちなみに諸外国のそれは、フランス、カナダ、アメリカ、イギリス、ドイツの各国が一〇〇％、中国は九四％である（フランスとカナダは二〇〇％ともいわれる）。順位でいうと、世界一七八カ国のうち、日本は一三五位である。この統計から八年も経った現在、日本に関する数字はもっと低くなっているだろう。

戦後、急激な工業化を遂げてきた日本は、農業人口の多くが工業ほかさまざまな職種に流出した。これはいわゆる近代化に伴う必然であったかもしれない。そして食糧の多くを輸入に頼るようになった。そこには、貿易に頼って生きていく日本の宿命があったようにも思う。だが、ここに並べたいわゆる先進工業国の数字に目をとめるとき、そこには将来を見据えたバランス感覚のある政策がいかに欠如していたかを指摘せざるをえない。とくに農政において、その貧困さには暗澹たる思いを禁じえない。

日本農業の将来は、まさに真っ暗である。たとえば上述の三十歳未満の農業者についてみれば、一人当たり一七六ヘクタールの耕地が存在するのだが、この耕地をいかに活用して農産物を生み出していくかということについて、行政にはほとんど何の見通しも、具体的な方法論もない。

私のつまずきの直接原因は資金の問題であった。限られた土地しか持たない「普通」の農民が、大圃場経営、いってみれば企業の手で行われるような経営に携わろうとするとき、資金繰りという、農民にとって未知の世界が、個人的にも制度的にも超えがたい難問として横たわっていたのだ。だが、土地に這いつくばって生きてきた農民にとって、それが如何に難問であるかを、行政当局は当然知っていたはずである。知っていながら、なぜ二階に上げてから梯子をはずすようなことをしたのか、というのが、怒りや悔恨の思いとともに私のなかに強くわき上がってきた疑問であった。

近代日本では明治以来、農業はいつの間にか第一次産業とは名ばかりの存在に追いやられ、農民は天災地変との戦いのなかで、屈辱と嘗胆の生活にいのちを継いできた。昭和になると、戦中から戦後にかけてひたすら増産を強要され、美味かろうが不美味かろうが多収であれば満足の政府官僚の掲げる数字を満たすために、農民は自らの生活を賭けてきた。（昭二十年代はコメ一俵十円、初任給七五円。現在はコメが一万五〇〇〇円～一万八〇〇〇円で初任給が二〇万円）

ところが一転、将来的見通しを欠く国の農政のなかでいわゆる米余り状況となるや、減反という行き当たりばったりの政策に踊らされ、補助金を頼りの根無し草的状態に追いやられることとなった。さらに、いつのまにやら世界経済自由化の真只中に放り込まれ、多くの農民は手も足も出ない状況で、何の展望もないままに身動きできない状態を強いられてきたのである。

そうしたなかで、ほとんどの農家が後継者を失いつつあるのだ。というより、多くの農家が自分の子どもに農業者の道を歩ませようとしない。それも無理からぬはなしである。日本の平均的な一町歩経営の農家で、今日、比較的うまくいって収支とんとん、よほどうまくいって年間二百五十万円程度の黒字である。これは月額にすれば二十万円強という数字になる。それに対していわゆる給与所得者の平均年収は六百万〜七百万円である。この格差はだれの目にも明らかである。しかも、いかに機械化されたからといって、過酷な農作業から解放されたわけではないのだから、農業に見切りをつけたからといって、だれもとがめるわけにはいかないだろう。

かあちゃん農業と減反に協力した見返りの補助金が、かろうじて農家の消滅をくい止めているといってもいい。

いまや、借金だらけの国家財政を揺さぶりつづける存在となった日本農業は、まさに崩壊の一歩手前にあるといっていいだろう。そして、こうした日本農業の現状をもたらした最大の要因は、近代日本に一貫して流れる、真の農政の不在である。この農政の貧困さについては、古く明治時代にすでに、当時、農商務省の役人であった民俗学の泰斗、柳田国男が鋭く指摘している。

柳田は官僚としての立場から国の農政を強く批判し、改善策を提案するが取り上げられず、そのために職を辞した人である。もともと柳田は明治十八年の飢饉を体験したことから、飢饉をなくすことに意欲を燃やして農政学を志し、さらに農商務省に入って官僚となり挫折するが、その挫折の裏には日本の風土に根ざす民族性と歴史があることを強く認識し、これを究明することなくして現実の変革はありえないと考えて民俗学の世界に転じたという。

その改善策は「余の画策するところは国家百年の謀なり」と自負するほどに精魂込めたものであったが、閉鎖的農業を批判し、外国農産物の輸入問題に一喜一憂する日本の農業界の体質を問題とし、緊急の改良の必要性を説き、改革への対応が余りにも緩慢で世界の進歩に適応できない実情を憂えている。さらに次のように言う。

農家数の減少というけれども農家の三〜四割は兼業農家である。兼業農を減らして専業農にすれば農家戸数の減少は憂える必要はない。それよりも営業としての農業を存立させようとすれば、数を減らして実力ある農家を増やすより方法はない。それに営業としての農業なら、製品の売買のことを考えざるを得ないし、販路市場との関係とか、競争国の貿易趨勢のことを察せざるを得ないが、今の農政家の説は余りに折衷的である。農民が輸入貨物の廉価のために難儀するのを見ると保護関税を唱える勇気はあるけれども、保護しただけでは競争力は養えない。それに無制限の保護税策をとるなどとはその他の商工業者が承知しないであろう。強いてこれを主張するのは、農民党と商工党の喧嘩を煽動するようなものである。

そして具体的には、土地の分合交換、耕地整理の徹底、畦畔を省略して有用地面積を増加させる、土地の分割自由を制限する、土地の担保力は土地売買による土地ブローカーのためにするだけであるから不必要な土地投機熱を抑制する、模範農場を設ける、各地に生産ばかりではなく経済的にも農民が模倣しやすい農場として教育がある着実な壮年のものを選んで経営させる、などの提言をしている。

これらの提言は、ほとんど今日の日本に向けてのものかと錯覚するくらいで、それが明治三十年代に語られたことに驚きを覚えるが、時期尚早のゆえか、あるいは日本的体質と相容れないがゆえか、彼は農政改革の戦いに敗れ農政の場から去ったのである。

経営規模拡大の幻想

柳田の言に触発されてかどうかは知らないが、「経営規模の拡大」という命題は、戦後、比較的早くに政府官僚のなかに生まれていたようである。

昭和三十五（一九六〇）年の「農業の基本問題と基本政策」という政府の答申には、経営規模の拡大構想が根底的な理念とされていた。そこでは、自立経営の規模は二〜三人の労働単位に一町五反〜二町（約一・五〜二ヘクタール）が該当するとし、少なくともこの程度の経営規模を持つ農家が適正育成の対象となり、これに標準を合わせるとされていた。ちなみに、昭和三十五年当時の経営規模は、北海道を除く都府県で平均〇・七七ヘクタールだった。

しかし、それはほとんど実現しなかった。三五年後の平成七年になっても〇・九二ヘクタールにすぎず、「規模拡大」の実態は惨憺たるものだった。また農地の集積という点でも、売買された農地の面積合計は、昭和三十九年度の四万四千ヘクタールをピークに、以後減少している。ようするに国が旗ふれど農家は踊らず、「規模拡大」はほとんど進まなかったのである。

さらに昭和四十年、経営規模拡大を前提に農地を買い上げる農地管理事業団を作る法案を、政府は国会に提出する。だが、「農地改革以来の伝統的小農主義」に立ち、「零細農家を切り捨てるな」と主張する社会党ら野党の反対にあって潰される。この時点では、農地解放に根ざす「戦後体制」を守ろうとする動きのほうが強かったのである。そこには食糧問題を世界史的視点で考えようとしない農政への甘さが、与野党に充満していた。またほとんどの農家が、農地を手放すことへの抵抗感を強く持ち、法律的な手法で事をはかろうとする官僚の発想では、たとえ法案が成立しても規模拡大が現実に行われることもなかっただろう。

やむをえず兼業方式が生まれ、貧しさからの解放がはかられた。行政はこの上に乗って、さらに「規模拡大」の旗を振るが、そこでは昭和三十五年の答申に示された「志」は、まったく別の方向で実現されることとなる。それが「零細農家の離農」「放棄された農地の集約」で、規模拡大とは裏腹の「零細のままの道」を通って実現したものなのである。

そのなかで農家の豊かさが近代化の一端として生まれてくる。すなわち農家は農政の指針とは異なって「零細なまま」世にいう豊かさの道を歩みはじめ、社会全体もそれを許容した。残された農政は、掛け声だけは相変わらず「規模拡大」というお題目を唱え続けた。農業経営の本質を追求せず、ただ「経営農家の育成」を金科玉条に旗を振り、肝心なものを見失ってしまったのである。

また、地方においてわれわれも「規模拡大による自立農家の育成」という方策を、まるで目的であるかのように掲げることによって、それのみが新しい改革にたどりつく道筋であるかのように思いこんだのである。今にして思えば、まるで中身のない幻影に取りつかれたかのようであった。

そうしたなかで平成六年、政府は「新農政プラン」を打ち出す。大規模経営の奨励である。そして金は必要なだけ出すという。経営資金は充分に貸してくれるというのだ。かねてから大規模圃場の経営だけが農業者の生き残る道と考えていた私は、すでに記したようにこの新しい農政プランに大いに勇気づけられ、農業経営改善計画に取り組むこととなった。

私が大規模経営に乗り出したのは、自分自身の生活を守るためばかりでなく、私たちの試みが日本農業の閉塞状況を打破する突破口のひとつとなるのではないか、という強い思いがあったからだった。そして、あたかもそうした私の思いに呼応するかのように新農政プランが、政府から示されたともいえる。

新農政プランの経営規模拡大政策による認定業者制度には個人経営と法人経営があり、国はこれらにたいし経営規模拡大のための資金援助を集中的に行うといい、個人経営には五千万円から一億円を限度とする枠、法人経営については一億五千万円から五億円までの枠をもって充当すると発表した。

すでに述べたように平成三年には、隣接する地主たちの田を併せて三・二ヘクタールの圃場にする経営規模の拡大を企画し、翌年には着手していたから、この資金援助を含むプランの発表は、大いに勇気づけられるものであった。先行投資として借りた金の毎月の返済が、この頃にはすでに経営を圧迫しはじめていたので、大幅な経営資金を借りられるという話は願ってもないものだった。しかも、聞くところによれば、法人への融資は十年据え置き、年利二%というありがたいもので、そのうえ補助金までつくという。

この新しい政策による資金援助に期待をかけた私が、申請書を提出するにあたって遭遇した一年余りのごたごたについては先に述べた。そして平成六年末に至ってようやく法人としての登記が完了し、翌七年二月十五日付で農業経営基盤強化促進法の規定による農用地利用集積計画を認めるという通達が出されて、はじめて本格的に経営改善計画がすすむこととなった。

しかし、農業経営改善計画認定申請書を町村長宛てに提出すれば相応の資金が調達できると聞かされ、一刻も早くと願う私の気持ちとは裏腹に、行政はその後もあきれるほどに遅々とした動きを示すだけだった。私の計画書の骨子となるいくつかの点について、各分野の役所あるいは農協が、微に入り細にわたり何回も討議・検討を繰り返すのだ。

こうして結論は延ばし延ばしにされ、私にとってひたすら徒労の時間が空しく過ぎていった。だが、すでに借入金の返済に追われている私としては、さらなる資金繰りの悪循環に踏み込まざるをえない。そして挙げ句には、私の責任であるという思いにかられて、サラ金の金にまで頼るようになった。

ここに至って私は、この新農政プランなるものが、単なる絵に描いた餅であることを思い知らされた。中央官庁のお役人が机上で練り上げたプランが、いかにバラ色の将来像を描き出したものであっても、年に一度の収穫というコメの特性、あるいは地方役人の頑迷固陋な非革新的思考を考慮に入れないプランなど実効性をまったく伴わないものだ、ということを痛感させられたのである。そして限界を悟った私が自己破産の道を選ぶこととなったのは、記したとおりである。

新農政プランと減反政策

生産調整のための減反政策は、まさに官僚の考えたアイディアのひとつで、これによって国内のコメの生産と需要のバランスがとれると判断したのだ。

食糧生産に直接関与しない多くの国民は、これにたいし異を唱える人は少ない。しかし、日本の食糧自給率は現在二十%を切っており、国内生産の絶対量が不足しているのはまぎれもない事実である。にもかかわらず、生産量を調整しなければならない現実をどう捉えるべきなのか。

また農家にたいしては、食糧対策費という名の下に政策補填金をもって充当することとした。やがて転作率は三十%にまでなった。ようするに三年に一回はコメを作るのをやめろ、いうことなのである。

新農政プランでは、専業農家一戸当たり二〇ヘクタールが採算性のある経営枠であると決定づけた。平成六年に私が試算したところでは、一〇アール当たりの生産量を一〇俵とすると、二〇ヘクタールでは二〇〇俵である。一俵の平均単価が一万五〇〇〇円とすると三百万円になるが、減反率の三十％分を引くと二百十万円にしかならない。それにたいし生産コストは一〇アール当たり平均一四万円かかるから、一四ヘクタールで一九六万円となる。その差額のわずか一四万円が生活費に回せる金額である。これでは生活が成り立たないから、減反した水田で畑作をしろという。これが多角経営である。

このプランは一見可能のように見える。しかし減反した田を翌年から畑に変えることは、リスク多くして利は少ないのである。大豆を作れ、麦を作れ、露地トマトの栽培をやれと言うが、水の調整がままならぬ大豆栽培は、作業もむずかしく収量も低い。小さな圃場の平らな所に種を蒔いて、機械（コンバイン）で刈り取れない部分の多い収穫である。そんなに利益は生まない。言うのは簡単だが、現実はそんなに簡単なものではないのだ。いったいだれが、どのように指導しているのか、と思わざるをえない。

それでも、資金が足りなければ援助する。不動産を担保にして経営資金はいくらでも出すという。不審に思いながらも、現実生活の極限状況のなかで私は、このもっともらしい話に飛びついた。この新しい政策に乗ることで未来が見えてくるのでは、という思いのなかで、ひたすら基本計画を考え、多角経営にも手を染めたのである。しかし、私たちが実際に行動を起こした結果立ち至った状況は、ひどいものだった。

このプランの二〇ヘクタールでは生活の成り立ちようがない。しかも、やがて一農家が一〇〇ヘクタール以上を耕さなければ農業が成り立たなくという問題を、政府はいったいどう見ているのか。現にわが田舎館村には全面積で一、六〇〇ヘクタールの農地（主に水田）があるが、将来とも農業で生活するという後継者（三十歳台）はわずか十四名である。数字的にいえば一人で一〇〇ヘクタールを耕作しなければならない勘定になるのだ。

しかし、それがはっきりしていても、この村の中で、どうするべきかが論議されることも、話題になることすらないまま今日に至っている。

日本には平成六年の時点で、コメの生産農家は二百七十六万戸（そのうち販売を目的とする農家は百九十六万戸）あるが、この八割弱は一ヘクタール以下の零細経営である。しかもこの零細経営の農家が日本のコメ生産の四五％を担っているのだ。この零細経営農家に面積を一律に配分して減反を守らせるのだから、国は補助金をばらまくしか手がない。これでは世界的な自由化の流れに抗していくことがほとんど無理なのは誰の目にも明らかだ。

繰り返しになるが、男子農業者一二五万三〇〇〇人、内六〇才以上八三万五〇〇〇人（六六・六％）三〇才未満層を後継者とすれば二万七六〇〇人（農家一一七戸に一人）。従って後継者一人当り一七六ヘクタールの耕地。この事実に目をそむけるかぎり、日本の農業は確実に崩壊する。

革新を阻む行政の壁と変革に背を向ける農業者

私の挫折の直接原因となったのは、現実を無視した行政の動きであり、縦割り行政の不合理であったが、ちなみにその一部を挙げるなら、たとえば経営改善計画は農業委員会が認定し、資金計画は農林公庫（中金）が審査し、資金計画のうち補助金については地方農林事務所が担当するといった具合である。しかも、各部門が連携して事に当たるというシステムには全くなっていない。それぞれの部署が各々の分野で、各々の判断を積み重ねようとするから、全体計画は変更に変更を重ねるしかなかった。さらに各部門の担当者は、責任上の問題が生じるとひたすら自分に責任が及ばないような態度に終始する。だから、より効率の良い方法、集約・集団化の方向に議論が進んでも、現行法を拡大解釈してでも採算性・安定性のある農業経営を考えようというような発想は、どこからも出てこないのだ。

それは彼らばかりでなく、全国どこに行っても、役人の発想の限界なのかもしれない。行政手腕とは決められたことを如何にそつなくこなすかだとは聞いていたが、まさに縦割り行政のなかで空転するばかりで、農業革新などとは無縁の世界なのだ。国としては無駄な出費の繰り返しということになろうが、現実に向き合って農業経営の実を求める農民にとっては、たまったものじゃない。

国と県町村、さらにそれぞれの機関が細分化され（農業委員会、農業会議、県水田対策課、土地改良課、土地改良連合会、農業改良普及所、農業関係金融機関、農協、県信連等々）、しかもそれぞれが、それぞれの見識と計算、各様の思惑で発言する。そのどれもが発展に絡むようなアドバイスをせず、ひたすら抑制の役目を演じつづける。一つの方向に取りまとめ、国の機関に働きかけられるよう統括する人間も機関もない。それが今の行政の姿なのだ。

だが、国をリードする人間が、かく在らねばならないという方向で改革を統一的に捉え推進していかなければ、農業者にとってのこのぬかるみ状態は、これからもずっと続くだろう。そこにこそ政治の基本姿勢が求められるのだが、農民自らの一票が金と義理のしがらみから逃れられないままでいる状態では、まさに絶望的と言わざるをえまい。それが農業改革の直面するあわれな現状なのである。

平成六年に「法人化」の旗が振られ、「法人化は農業の生きる道」と喧伝されたとき、私たちはこれが国の政策として推し進められるものと解釈した。しかし、それは全く名のみのことで、単に法人として法的届出をさせられたにすぎなかった。農業が持つ年一回の収穫という特殊性にたいする配慮をまったく欠き、一般法人と同列の小さな同族会社の枠を越えない政策だったがゆえに、私たちは資金繰りに四苦八苦する状況のなかでもがきつづけなければならなかったのである。

平成十二年、大原農相は「日本の農家は六十歳以上の人が五五％であり、二十年たてば八〇％になる。これをどうするのか。荒廃に任せるのか。企業家精神のある精農に集約させないと食料自給率は上げられません。株式会社方式を入れたらどうかという議論がある」と語っている。だが、株式会社参入には農業団体が反対する。株式は店頭で売買されるから農地がいつのまにか横に流れる、不動産屋で宅地に化けてしまって農業ができなくなる、というのがその理由だ。まさに理屈であろう。だが、株式であろうとなかろうと、これまでの農地法を変えなければ、農民は身動きがとれなくなっている。

現状を打破する意欲ももたず助成金をあてにして現状にしがみつく農家を守ろうとするより、より合理的な経営をめざす農業経営にたいしては、たとえ株式会社であっても、これを新しく基本法に取り入れるべき状況に来ているのだ。

農協は株式会社方式は「既存の農業の枠組を崩すから反対」というが、それならば既存の枠組みのなかでジリ貧を容認するというのか。ホンネは「自分たちの競争相手ができる」から反対なのじゃないのか。そのことがもはや限界にきていることは充分に分かっているが、それだけになお全農民の名において反対せざるをえない、というのが本当のところなのだろう。組織維持が必須の条件という場では、だれも本気の議論はしないし、反論も生まれてこない。だから、結局のところ「国が旗ふれれど、踊らず」という状態にとどまることになり、あえて私のような人間の轍は踏むまいと思っているのだろう。そしてそれが私たちの破綻の直接原因でもあったように思う。

サカタニ農産の奥村氏はある雑誌のインタビューに答えて政府の農政を批判し、「現在の農政はパッケージ（形）を作って、それに充てはまったものに補助金を出す仕組みだ。行政として、あるいは農協として扱いやすい農家集団を作るためじゃないですか。極論すれば役人の仕事を作るためなのではないですか」という。

また、平成十四年二月、東京で農業評論家の土門剛氏の呼びかけによる集会があった。その場に来ていた食糧庁のある課長が「これからも機会を作ってより多くの議論を試み、より納得のゆく新しい施策を考えたい」と語った。だがそれは、要求される別なパッケージをつくろうとことにすぎないのだ。彼は自嘲気味に「あちら立てればこちらがたたない現実が厳然として存在しており、これをどうクリアするかが重大な課題だ」と述べ、ここまで来ると政治的課題になるから踏み込めないと言って苦笑した。まさに、今日の農政官僚と農業者の限界を知る思いがした。

世界的視野の欠如

平成七年七月十四〜十五日、私の主唱する新農政研究会の主催で武田新農政研究所の全国集会が田舎館村で開かれた。参加者は全国から約百名あり、次のような宣言文を採択した。

「農業というものの変遷を考えるとき、今、我等は何を為し得るか、為し得べきか、考えされられるものがある。唯、漠然と無意識に近い感情と感覚の中に、自然だけを頼りに生きてきただけなのであろうか。農業は過去においては、生かさず、殺さずという代名詞にさえなって今日に至っている。考えてみると、それは今日尚続いていると思われてならない。

誰とか彼とかの責任を問う術もなく、世界経済の中で右往左往の程を免れないでいるのが、今の日本農業の現状である。本日、この日本で最も田舎らしい名前の村、田舎館から、何らかの形で今後の農業と農政に対し、変革への足がかりをつかみ得ればと思い、この集会を開催した。変革は一朝にして成り得ない。しかし、この集会の意義と意識によって、今後ミニマムアクセスが解禁されるまでの間、一刻も早くその変革がなされ、世界に通用する農業たりうることに全力を傾注しなければならない。特に農業者である我々の責任は、極めて大きく重大である。

具体的には、先ず水田を対象に考えれば、全額国費をもって田畑転換が自由になる圃場整備を速やかに完成させる。高度な経営能力を持つものの育成とこれを阻害している全ての規制を撤廃する。根本的な変革が実現できることによって、より多くの若者たちが喜んで農業に取り組めることになろう。

今後六年間の輸入量は年平均一一三、〇〇〇ヘクタール以上の減反をしなければならない問題が厳然として存在する。コメだけではない。どんな作目に取り組む場合でも、この国際問題がついて回る。価格を展望し、規模拡大、高品質、低コストと農業者一人当り生産能力が大きな課題となる。今日まで如何なる政治も政治家もこの問題は避けて通ってきた。今、我等農業者が全能力を傾注して取り組むことをここに宣言する。」

宣言文の草案を書いたのは私だったが、私がここで言いたかったのは、世界の食糧事情、世界の経済事情がこの青森までまぎれもなく響いてきていることを、実感として受け止め考えている人が、如何に少ないかということである。

武田新農政研究所は過去半世紀にわたり、このままでは日本農業は崩壊し食糧危機が始まると警告しつづけ、その語るところは講演などによりほとんど全国的に伝えられ、多くの同感を呼んできた。国会においても、国会議員として、参考人として、余すことなく識見が述べられ、共産党から自民党にいたるまで、一人としてこれに反論もする者はなかった。わずかに全農系からは、自由化を推進する政策につながり、農家がますます困窮する原因となるという批判はあったが、その声も平成五年十二月にウルグアイラウンドの合意が成されてからは霞み、聞こえなくなった。

だが、政治家は根本的な対策も考えないまま、なしくづしの助成政策でその場を繕ってきた。すべては選挙対策のゆえである。そしてその意図が明らかでも農家はこれに異を唱えず、どれほど困難な営農生活を強いられても、役人の言うなりになってきた。そのほうがその場の苦労が少しは楽になるような気がするからなのだ。

減反問題の本質

平成八年六月、岩手県東和町で起こった「減反非協力」は、瞬時に日本中に波紋を広げ、新しい食糧法で「作る自由・売る自由」が認められることとなった。ところが農水省は、全国農協中央会（全中）にたいし、全国一律の生産調整（減反）に異議を申し立てた町村への指導に厳しさがないと申し入れた。しょせん農協とは「お上」頼りの行動に終始する、自分独自の対応も対策もない農業者の団体なのである。

だが、農業者は国や県、市町村の下請けでコメを作っているわけではない。だから、自らの努力で売ろうとするるならば、売れ残るリスクも覚悟しなければならない。言い換えれば、減反政策を批判する農業者個々が、自己の責任で市場原理の導入を提唱しなければはならないということなのだ。

いうまでもなく市場原理の導入は必要であろう。だからこそ多くの人が矛盾を感じつつも減反の現状に甘んじているのだ。しかし減反はやる気のある農家の意欲を削ぎ、行政や農協にとっての弊害も大きい。減反の調整業務は行政にとって大きな負担で、そのため青森県東北町の担当課長が自殺したりもしている。

市場原理は必要だが、それによって追い込まれる人たちはどうなるのか、個々にどんな方法があるのか、そうしたことをはっきりさせない限り次の時代は開けてこない。新潟の一農家が語るように、落ちるところまで落ちなければ事態が解決しないのだとするならば、あまりにも切ない話だ。農水省の優秀な役人が、時代の転換期を認識しながらどうにもならない矛盾のなかで、「減反はいいとは思わないが、今のところやらなければ仕方のない政策」と語っている。だが、ほんとうに仕方のないことなのだろうか。たとえばコメの備蓄という問題も、もっと真剣に考えるべきだ。

コメは籾がらをつけたまま備蓄すれば、品質を保ったまま長く保存できることは周知の事実である。そのコストは、試算によれば一トン当り年に約一万二、〇〇〇円。したがって、一、〇〇〇万トンの備蓄費用は年間一、〇〇〇億円である。防衛費用は年間五兆円だから、その五〇分の一で済む。食糧資源・エネルギー資源の確保が、国の防衛問題、いな、それ以上に平和維持と密接な関係のあることは、だれでも知っている。

備蓄した籾は、また温暖化などによる凶作にも有効な対策となる。あるいはアジア・アフリカ諸国が異常気象で飢餓に見舞われたとき、食糧支援に廻すこともできる。これこそ緑のＯＤ

A（政府開発援助）である。さらに備蓄サイロ建設のノウハウをアジア・アフリカ諸国に伝授することで国際的連帯感を創出することもできよう。こうした活動こそが日本の平和戦略となるべきであり、真の安全保障につながるものとなる。（備蓄について、籾と籾殻の区別もつかない国会議員たちが与野党で議論している状況には、言葉で言えない無情さすら感じる）

政治不在の日本農政

減反は昭和四十（一九六五）年初めに達成された自給率一〇〇％に対応し、中山間地も平野部も含む日本全体でコメ作りを何とか維持することを主眼にすえた政策であった。だが、食糧問題全体を見極めることなく、所管するコメの管理に主眼を置いたところに多くの矛盾が生まれた。

この問題の陰には、昭和三十六年に農業基本法が制定されるより先の昭和三十年代初頭に始まり、その後五十年代に至るまで予想を越える高度経済財成長を遂げたこと、農業問題をカヤの外におき経済発展の成すがままになされた政策があったこと、そして農業問題への国の対応がほとんど無きに等しかったことが指摘される。こうした事態を放任したまま、農村から都市への民族移動が無計画に進められ、一次産業が置き去りにされる結果となった。それが農業の決定的な衰退現象につながったのである。

さらに、もう一つの原因として、戦後の米国との関係があげられる。一九八〇年ごろから食料輸出大国の米国では、一極集中型の作付けが膨大な耕地の疲労となって現れ、再生産の能力さえ失う砂漠化の兆候が現れはじめる。その結果、世界食料戦略を転換せざるをえなくなり、それが一九八六年のウルグアイランド（多角的貿易交渉）となって表面化する。このときのコメ関税化論議の際に噴出した「コメを守れ」という声に表われたものは何だったのか。世論はこれを「農民と自民党農水族のエゴ」と断じ、その真相を見逃したままで今日に至っているのではなかろうか。

ようするに、明治以来のシステムによる食糧生産体系をそのままにして、農民と農水族のエゴとしてかたずけ、それで済ませようとしてきたのではないか、ということである。

昭和五十年年代から毎年、農水大臣は入れ替わる。年に二度替わることすらあった。生活の重点たる農業問題をまるで無視していた表れといえよう。政府はその時その場の都合でのみ動き、農政をほとんど蔑視してきたと言われてもしかたがないだろう。

いままた、コメの関税化問題が浮上するや、その対応は先延ばしを求めて協調するだけ。農相をして世界は厳しいと言わせるばかりで、この国の構造改革の中味を語ろうともしない。本音は、戦後一貫して対米追従政策のなかで生きる道を歩んだのだから、今後もそれが最良の方策ということなのだろうか。

コメ流通問題を歴史的な過程から考える人もある。この問題は行政組織がどうあるべきかということと密接に絡んでいる。食糧庁を含む農水省組織にとつては自らの保身に係わる重大な問題である。コメをめぐる行政は、「伝統」ある食糧庁と減反や生産調整を奨励する農水省農産園芸局に二分されている。このために、たとえば産業政策を一手に担う経済産業省政策局のように統一的な政策を担当する部局がない。不思議なことといえよう。いま盛んな行政改革論議のなかで、農政改革の話は浮上する兆しさえない。あっても枝葉末節の問題をいじる「改善」の試みだけである。

コメの市場原理と一言でいっても、その市場原理の世界が今後どう展開するのか、あるいはそれに対して「どのような政策を」「どのような組織体制で」「少ない予算を使ってどう展開すればいいのか」という問題がそこには横たわっている。同時にコメがこの国の未来像のなかにどう展開していくのかという問題と密接に絡んでくる。

しかし、高度成長以前、国民の二人に一人が農民だったのが、いまや第三次産業に従事する人間が六割以上を占め、国民の八、九割が中流意識を持ち、階級対立がなくなってそれを標榜したグループの存在さえ危くなりつつある。そうした状況で誰も農業・食糧の行く末に明確なビジョンを見出せないでいる。この先どうなるのかについて、誰もがとまどっているのだ。新しい潮流が生まれるともいう人もあるが、「豊かさ」や「都市化」はすでに飽和状態にあり、「欧米を目標とする上昇志向型社会制度」「中央集権型社会制度」はいまやバッシングの嵐に見舞われている。新しい潮流とは何なのだろうか。

これは単にコメだけではなく、いまや食物全体について考えなければならない問題となっている。むしろ政治的にはコメを俎上にのせることによって他を隠してきた感すらある。だが、そうはゆかないのだ。狂牛病を例にとるまでもなく、全ての食物に対し、消費者が疑問と不満を持つようになっている。そうしたなか、コメにしても、野菜にしても、牛、豚、鶏など全ての食物について、その成育過程や加工処理の過程がどれほど正確に消費者に伝えられているだろうか。「有機」というレッテルはもはや万能のレッテルではなくなっている。農協に任せ、出荷して市場に委ねてしまえばどうにかなるという、安易な感覚の農業者は生き残れない局面に立たされているのだ。

おわりに――農業者の経営者としての自立こそ急務の課題

日本農業を再建する方途は、農産物の輸入価格と競争しつつ第二次・三次産業の従事者並の所得を確保しうる営農規模の拡大しかないし、それには農地制度を改革する以外にはない。だが、戦後何度もうたわれた「規模拡大」は、結局その時その時の掛け声に終わってきた。それが「コメを守る」という仮説になり、「減反に協力」という変幻自在な官庁指針となって下達され、拒むものは全農、全中、農協組織を駆使してこれを説得し、有無を言わせないようにしてきたのである。

だが、農業者は零細、兼業を問わず農業経営者という舞台に乗れなければならない。それには時代性をはっきり見定める必要がある。そして、これらを全て包括してこそ農業者でありうる。そのための砦を押し潰してしまったのが農協なのだ。そして、そのうえにドッカリと居座り、農業財政収支の全ての窓口になっているのが全農という巨大な組織である。彼らは農民の利益に反することであっても、組織防衛という名のもとに行動するのである。さらに、その弊害を知りつつも、その問題性を糾弾することもできぬまま、思うような改革も実施できない官僚の弱さがあり、これが相乗している。

われわれ農民にはこの悪循環と呪縛から逃れられない宿命がついて回っているとでもいうのだろうか。それを断ち切るには気の遠くなるような努力が必要だし、現状に甘んじる感情が優先するのも事実である。これはいわば宿業であり、「落ちるところまで落ちなければ」ダメなのだろうか。私がそのための捨て石たらんと構想を描き、挫折を余儀なくされたのも宿業ゆえなのだろうか。

日本の農業は特異な存在である。しかし、コメ主体の農業であるがゆえに云々という言い訳は世界に通用しない。ちなみに、日本でも青森県まで二毛作が可能な気象条件下にあるといわれて久しい。だとすれは、もとより農業はコメ産業ではないのだ。

より低コストでより広範囲の食糧生産を、より近代的な手法をもって安定的に続けられる道を、いま選択しなければ、日本の未来はないといっていいだろう。戦後六〇年続いた米国依存の食糧体系を続けることの不可能な状況が近づきつつある（これが米国主体のＷＴＯ交渉となっている）。すでに米国は関税率一〇〇％台を要求しはじめている。これをノーといった場合、百数十万トンの輸入枠拡大につながる。農水省はドロ縄式に「改革」という規制を推し進めるしかないのである。

われわれ農民は、もはやコメ交渉の官僚の誰彼の責任を問うてもどうにもなるまい。問題はこの国を先進農業国足らしめる改革が必要だということだけなのだ。農業者一人当り二〇〇ヘクタールの耕地を世界に伍してどのように経営できるかである。それには生産物を自由に転換できる農地が、必須の条件である。それはコメだけの問題ではない。畑作、果樹、畜産、あるいは山間地問題とて同じである。

日本は農業においては世界の後進国なのである。現状のままでは、これからも後進国に甘んじつづけねばならない。若者たちはこの状態を拒んで、自分の力では食えない国家から脱却しようとしなければ、この国の先は見えない。

過日、聖域なき構造改革を掲げる小泉内閣は、農政改革について武部試案なるものを発表した。その内容は、政策のバックボーンの何たるやの説明もない、単にマーケットでのレッセフェール（自由放任主義）というものである。

これが如何に官僚的メニューのパッケージであるかを土門剛氏は解説する。

氏は「ニッポンがかくも無残な姿になった真の構造的原因を分析せずに構造改革を実現させることは不可能である」と言い、そして武部試案にある、いわゆる「パストラル」な響きを持つ甘言がより多くの農業者を虜にしたが、それは結果として全農の救済対策になるだけで、農業およびその経営者には何のメリットもなく、農家をカテゴリーに分ける無分別は農業者をしてさらに塗炭の苦しみに追いやるばかりだ、と言う。そして以下のように糾弾する。

「看板倒れの構造改革」の中では農水省のいう構造改革とは、「意欲」も「能力」もない農家に引導を渡し、「意欲」と「能力」のある農業者からニッポン農業の代表選手を選抜することをいう。前じ詰めれは淘汰選別のことである。切って捨てられる方は猛抵抗するであろう。武部農相は如何程の覚悟があってこの構造改革をぶち上げたのか。農家を二つのカテゴリーに分けるというのだ。

単に農業補助金の重点配分と価格助成で差別化を計ろうというのであろうが、そのための「意欲」と「能力」のある農業者を、誰がどのようにして選別するのかだ。結局行政がコミットする認定農業者制度のような選び方をするのであれば、何の意味もなさない。「可能な限りの支援策」は税金の垂れ流しになるだけなのである。

農水省の統計データでは水田整備率は、三〇アール区画以上の水田は五八％、一ヘクタール区画以上は僅か五％に過ぎない。それらの全ては在来工法のままで、田畑転換が自由、用排水も自由などとは遥かに縁遠い施工ばかり。橋本内閣時代、土地構造改革に向こう十年間に四〇兆円を使うことに閣議決定したものの使い切れず、持って行きようがないから、さして必要のない農免道路を数かぎりなく田園の中を従横させている。結局、巨額の税金が投入された割には基盤整備は遅々として進まない。しかも食糧自給率は低下の一方なのである。(基盤整備の遅れは高い工事費用と農家負担に原因があると言われているが、公社公団の設計基準と見積りでは高すぎる。自由競争にすると凡そ半額になる)

これでは輸入米とは対抗できるものではない。国土の改革は国が全額負担で行うべきなのではないか。だから閣議決定までしたはずだ。

農道を一メートル以上高く縦横に造成して、一旦天災になると水の増水は全く様相を変えて集落をおそうことになる。

武部農相は、農業構造改革の目的に食糧自給率の向上を掲げた。本当にそう思うなら、まず農地制度の矛盾を洗い出すべきではなかったか。国家百年の計で農地制度を農業が発展する大改革の方向へ向かうべきであった。

土門氏はまた、野菜対策についてもこれを「ポピュリズムの野菜対策」と言い、頓挫する農業構造改革として、次のように断じている。

官僚が考えついた机上プラン。輸入野菜の対応策を政策メニューをオプション形式で提示。産地を「低コスト化」「契約取引推進タイプ」「高付加価値タイプ」の三タイプに分けた。いわく、「産地ごとに明確な目標をもった構造改革のため計画を作成する」。「いくつかの戦略モデルを提示し、各産地はこれを参考に取り組みを具体化する」。平成十四年八月二十五日NHK日曜討論でも、このことをそのまま述べているに過ぎなかった。そして「構造改革を行おうとする産地に対して、施策的に重点的な支援を行う」。何のことはないお決まりのハウスや選果機など補助事業のメニューをならべているだけ。

こんなことは何年も前からの農家だましの餌としての常套手段だった。どの部分を見ても、彼等（官僚）が思ったり考えたりするような環境や条件は何処にもない。単純に区画だけでも一ヘクタール以上が僅か五％という圃場条件では対応の仕様がないのである。

結局、昼夜の別ない過酷な肉体労働が待ち受ける複合経営を強いているに過ぎない。これで輸入急増で壊滅一歩手前にあると言われる野菜産地の構造改革が実現すると思っているのだろう。……称して大衆迎合主義的政策なのである。

さらに土門氏は、農業者に対しても厳しい。

産地間競争がグローバルに繰り広げられる中で、そもそも役所から「戦略モデル」を提示してもらわなければ対応できないような生産者では、いかなる重点施策を講じても、それはざるに水を流すに等しいことである。そのような生産者には、マーケットや生産現場から粛々と退出させるプログラムを農政が用意すること、これが最良の策だ。農業者たるもの、肝に銘ずべきことであろう。

私は本書のなかで、自分なりの農業改革への挑戦と、その挫折の経過を語った。そのなかで、このままいけば日本農業はまちがいなく崩壊するという確信をいだいた。そしていまなお、食物を生産する人、消費する人、これを統括する役所、あるいは、農協、いずれにも明確な自覚もなく、有効な対策も講じえないままに過ぎているように思う。

このようななかで、日本ははたして真の構造改革を断行して生き延びることができるのか。石原莞爾は半世紀も前に「利己心と利他心とは我等の心に併存し、社会道徳の主眼はその適切なる調整にある」「経済の目標は個人経営と社会経営とを、その時代に即応して、巧みに按配し、その最高水準の能率を発揮するに在る」と指摘している。さらに「近代の文化生活と言われるものは自然を征服して人為的になり、人間自然を離れて却って自然に逆襲される有り様となった。この方向を突き進めば人類は滅亡するほかはない」とまで断言している。

繰り返し言おう。いままさに日本の農業は崖っぷちにある。人間の命を継続させるための必須の産業を崩壊させてわが国の未来があろうはずはない。農業者の経営者としての自立が、いままさに急務の課題なのだ。

あとがき

人に説くほどのことを考えてきたわけではないし、そんな能力があるとも思っていない。だから、歴史家の友人から「君が書こうとしているのは自分史ではないか」と幾分揶揄気味に言われても、別段反発を覚えることもなかった。

ただ、昭和の時代に生を受け、時代の流れに翻弄され、改革の思いを後生大事に生きた者として、私の書いたこと、言いたかったことが、もし見当ちがいのこととして世人に受け止められるなら、悲しく思う。

農業者は久しいこと国の農政の貧困さのなかにあえいできた。そしていまなお、真に農業を生業として生きようとするものは、その苦しみを担わなければならない。そのことは後継者の深刻な不足として露わとなっている。

本年二月、全国農業会議所主催の第三五回全国農業経営者研究大会が「変革の時代の経営力強化戦略」をテーマに開かれた。会議の趣旨は、我が国の農政全般にわたる改革を早急に実施するための、食料・農業・農村の基本計画が閣議決定されたことを受け、平成十七年十月に決められた、①担い手対策を集中的に品目横断的経営安定対策を導入、②米の生産調整支援対策を見直し、③資源や環境の保全向上を図る、を積極的に押し進めるというものであった。これが国際化の急速な進展と我が国の情勢変化に対応するための戦略であり、それをより具体化するための会議の内容だというのである。

そこには、取り組む品目の横断的経営安定対策とはどんなものか、またその具体性も全く示されていない。まさに官僚が考えたメニューを組み替えただけのなのだ。これまでの発想から少しも前進しないものであり、こんな発想しか浮かんでこないのかと、暗然たる思いに捉らわれた。

近代日本の農政の貧困さについてはすでに語ったが、今日なお、官僚たちは農民に完全に下駄を預けた格好の農業しか念頭になく、預けたことについて経営の責任はすべて農業者の側にあるというのである。だが、耕地の状況を数百年来のままにして、ＷＴＯ交渉にあたって「コメの関税引下げに我が国の稲作農業はどこまで耐えうるか」などと問題提起をするのは、あまりにも脳天気な発言と言わざるをえない。

私は、農政の真の改革がないかぎり、日本農業の崩壊は避けられない道だと思っている。農政の貧困にめげず、経済性の成り立つ農業に取り組み、奮闘しておられる農業者も全国各地にあると聞く。その方々には深い敬意とともにエールを贈りたい。だが、一部の農業者がいかに奮闘しても、日本農業の現状は容易に変わらないだろう。後継者の数はますます減少するだろう。農業者ばかりでなく、より多くの人にこの現状を知ってもらいたい。そうした思いから、この本を出すことを決心した。その思いが一人でも多くの人に伝わることを願って止まない。

最後になったが、本書の刊行にあたっては、同成社の山脇洋亮氏に大変お世話になった。無名の私の、売れるとも思えない本の出版を引き受けてくれたばかりでなく、私のまとまらない文章を適宜整理し、細部にわたって修正を加え、何とか読者の目に耐えるものとしてくれた。私のような一農業者の書くものとしては、流暢にすぎると思われるかもしれないが、これはそうした経緯からであることをご理解いただきたい。文章に比して内容はまさに土臭いものであることを感じ取っていただければ幸いである。山脇氏には心からの感謝の意をささげる次第である。

平成十八年五月

工藤　司

崩壊《ほうかい》する日本農業《にほんのうぎょう》

―― 一農業者の告発 ――

■著者略歴■

工藤　司（くどう・つかさ）

1931年　青森県田舎館に生まれる

1945年　小学校高等科卒業

現　在　農業に従事

著　書

『ウルグアイラウンドなどに負けてたまるか

　――田舎館村からの挑戦――』同成社、1995年

2006年 7 月20日

著　者　工　藤　　司

発行者　山　脇　洋　亮

印　刷　(有) 章　友　社

モリモト印刷(株)

発行所　東京都千代田区飯田橋 4-4-8　東京中央ビル内　**(株) 同　成　社**

TEL 03-3239-1467　振替 00140-0-20618

ISBN4-88621-359-6 C0036